U0180594

我喜欢有挑战的建筑设计项目，因为这意味着有创新的可能，也是对自我和思维的不断超越，我参与的这些项目，都希望能做到既有设计感，也能解决使用者问题，让使用者满意，也让自己满意。

余海燕

美国注册建筑师。1997 年在深圳参加工作，在国内承接了多个大型公建项目。为开阔设计思维，2000 年到美国南加州大学留学深造，之后在全美排名第一的医疗设计公司 HDR 工作，其间参与了洛杉矶市政府马丁·路德·金医院改扩建工作，也为美国多家民营医疗开发集团，如凯撒医疗 (Kaiser Permanente)、 亨廷顿纪念医院 (Huntington Memorial Hospital) 等在加州设立的医疗中心提供了从前期规划到后期施工图的全过程服务。

2010 年回国后，立志为加快中国医疗建设的标准化、规范化、合理化而努力。结合国外系统方法并将其运用到实际项目中，设计的具有代表性的项目包括：深圳龙华新区综合医院 (1500 床)、汕头大学医学院附属肿瘤医院前期 (1000 床)、深圳市大鹏新区人民医院 (1000 床)、贵阳未来方舟医院 (1500 床)、襄阳医疗中心 (3000 床) 等。先后获得 2018 年深圳市创新人才奖、中国"十佳"医疗建筑设计师 、中国医院建设匠心奖之"年度杰出人物"等荣誉，并担任深圳建筑设计评标专家。

精准规划 医疗设施

——医疗建筑数据与人性化设计的前沿探索

余海燕 著

中国出版集团

研究出版社

图书在版编目（CIP）数据

精准规划　医疗设施 / 余海燕著. -- 北京 : 研究
出版社, 2021.1
　　ISBN 978-7-5199-0904-8

　　Ⅰ.①精… Ⅱ.①余… Ⅲ.①医院－建筑设计 Ⅳ.
①TU246

中国版本图书馆CIP数据核字(2021)第001207号

出 品 人：赵卜慧
责任编辑：陈侠仁

精准规划 医疗设施
JINGZHUN GUIHUA YILIAO SHESHI

余海燕 著

研究出版社出版发行

（100011　北京市朝阳区安华里 504 号 A 座）

北京市海天舜日印刷有限公司　新华书店经销

2021年1月第1版　2021年1月北京第1次印刷

开本：787毫米×1092毫米　1/16

印张：17　　字数：353千字

ISBN 978-7-5199-0904-8　定价：218.00 元

邮购地址：100011　北京市朝阳区安华里 504 号 A 座

电话：（010）64217619　64217612（发行中心）

医院建筑不是"医场"机器

医疗是救死扶伤、改变国家和人类命运的事业，我们都应该为有幸从事医疗这项伟大的事业而感到光荣和自豪。目前，中国的医疗事业刚刚起步，任重而道远。在我的脑海里时常浮现出这样一幅画面，令我的灵魂被深深地震撼，那就是我调研过的一个病区，从电梯厅出来，走廊的每一个角落都放满了病床，患者情绪低落、毫无遮掩地躺着，室内到处弥漫着令人窒息的味道。为这些患者提供更好的就医场所，给他们更好的就医体验，创造更加美好、舒适的环境一直是我工作的动力。

我想一个人一生的价值和意义不在于此生获得了多少财富和荣耀，而在于为这个社会做了多少贡献，让这个世界的一些角落因为我们的存在和努力而改变，让我们的存在更有价值和意义！

中国即将进入老龄化社会，而我们整个医疗体系并没有为此做好充分的准备。我们的医疗设施相对比较落后，好的医疗资源和教育资源非常短缺。如何改善这些条件，让人们能够解除基本社会保障的后顾之忧，是我每次工作都要思考的问题。

我希望可以通过设计降低成本，创造出有品位的空间和高效的流程；通过设计能够让建筑变得更加人性化，更加符合运营的需求；也能帮助更多从业人员以及投资者获得更加稳定的收益，缩短投资周期，减少投资，并取得长久的经营收益。同时，为减小社会负担、减少环境污染等探索出更好的解决方案。

早在 20 年前就远涉重洋学习的我，有幸在十几年前就已经开始学习、了解精准医疗规划设计的精髓。在留学期间，我有幸进入所在国家排名第一的医疗设计公司，参与了其最大的连锁医疗集团建设开发的医院的设计。包括从医院的前期策划、规划，一直到方案设计、施工图的完整过程，进行了 3 年持续、扎实的学习。当我了解到医疗的复杂和深度之后，深深爱上了这个行业。医疗设计与日新月异的科技相互关联。在我们的设计团队里，有循证设计的专家来解决医院内与患者相关的各种设施的精准规划和研究，包括声学、力学、光学、色彩等对患者的影响，同时还提供医疗设备规划全方位的服务，这样的体系让整个医院的设计变得更加专业化。

回国之后，我参与了多个大型医疗中心的设计和评审。我们大多数医疗规划前期的可行性研究，因为时间、费用等各种原因，比较粗浅，对于后期的指导意义非常有限，甚至可能产生错误的指导。这使我联想到多年前留学工作的经历，发现有很多系统的方法可以结合中国的实际情况进行更新并更好地为我们服务。现在中国的医疗行业快速发展，需要更科学的方法去引导，少走弯路，让社会财富可以更好地去帮助那些需要救治的人们。

本书将填补目前医疗建设在前期策划、功能规划、造价、人员、设备等方面缺乏系统性和精准规划的空白。书里有我 20 多年经验的总结，希望能为祖国的医疗建设贡献一点力量！写作期间，笔者也得到了业内多位专家的大力支持，他们给予了很好的优化意见。相信这项有意义的工作将帮助更多参与医院建设的单位更高效地建设和运营，推动中国医养建设的发展。

感谢大家的积极参与和支持，如有不足之处，也请读者朋友们批评指正，以期完善。

2021 年 1 月

目录 Contents

第一部分 设计理论

第一章 精准规划

第二章 医疗设施功能规划和面积计算

第三章 医疗设施造价规划

第四章 医疗康养模式及规划策略

第五章 医养设施的设计及运营

第二部分 设计思考

设计理论

第一章　精准规划

1 精准规划的背景

目前，中国正进入医疗和养老建设的高潮。未来的几十年内，中国的老年人口将急剧增加，对于医疗和养老的需求也将快速大规模增加。而我国在以往医院建设过程中，对医疗建筑复杂的功能缺乏清楚的认识和梳理，缺乏相关经验的总结以及标准的制定，有经验的管理和规划设计人员较少，在开发的过程中往往存在较大的盲目性（见图1-1）。项目开始时基本处于以下几种主要状况。

（1）有的项目在提出时，只有规模面积，没有更进一步的要求。关于功能规划的表格只有简单的房间数量要求，缺项、漏项严重。

（2）有的项目基本没有房间的要求，各部门、各科室的建筑面积也没有具体需求。

（3）有的项目甚至连房间、数量、任务书也没有，完全凭空设计。

由于缺乏系统的、科学的方法指引，设计过程中的一些数据没有科学合理的解释和逻辑关系。无论是设计方还是使用方，在整个建设过程中都会觉得盲目，不知道该如何行动，无法决策，导致大量时间和精力的浪费。建设的相关管理方也都因为缺乏技术方面的指导，对投资决策等无从下手。

（1）使用方无法提出明确的需求，通常要经过反复试错，才能形成功能规划意向书，而且在后期建设过程中不断推翻，重新设定。

（2）工程建成之日，即是改造之时。缺乏标准和系统的管理，可变性、随意性大。

（3）医院建设过程中常常由于功能规划不齐全，相关功能遗漏严重，大量设备过度开发导致浪费和过度医疗，从而导致大量社会财富的浪费。

（4）建设工期不断延长，各方时间、人力和物力成本加大。

俗话说：磨刀不误砍柴工。在设计之前，先要充分了解使用方需求。在国外，一个大型医院设施，通常会需要一年的时间去确定使用需求。设计方、运营方、管理方要进行详细的沟通，对医院设计相关环节做深入讨论。医院和养老虽然有一些标准化的设计，但是每一个医院由于其使用功能、使用对象以及运营理念的不同，还会存在较大的差异，而这些差异正是需要进行设计的关键环节。

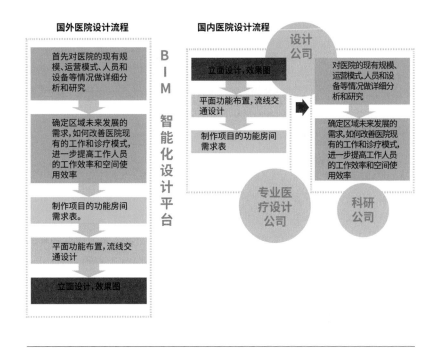

图 1-1　国内外医院建筑设计流程对比图

1.1 规划对象的差别

以公立医院为例，如果其服务对象是大量低收入人群，那么其所应对的急救人数和类型、对医师的要求、住院的周期、付费的方式和普通医院会有较大差别；而民营医疗，为向患者提供更舒适的环境，需要周到的服务以及人性化的空间。二者设施建设的标准和需求是不同的，不能一概而论。不同标准的设施，其房间的设置内容、装修标准、空调系统、智能化设备配置也会截然不同。

同样是公立医院，由于其所处的区域不同、疾病类型不同、就诊人群差异，也不会按照一个统一的标准去执行。例如，在深圳，由于医疗设施的大量缺乏，门诊和住院的床位数比可能会达到 7:1；而在内地其他区域，部分门诊和住院床位数的比例只能达到 2:1，与国家规定的 7:1 有着较大差距。

然而，这个数据也不是固定不变的。我们的规划设计需要预见 5~10 年，甚至更长远的时期。因为一个大型设施从筹划到建成可能至少需要 3 年的时间。建成之日，很多情况便已经发生变化。特别是在信息化和科技迅速发展的今天，3~5 年，许多当时概念性的技术手段已经可以落地到现实使用中。如果没有远见卓识，建成的设施必然会落后，无法满足发展需求。

综上，再结合卫健委的规划以及医疗机构的数据进行推演测算。比如，深圳目前的门诊住院比为 7:1，而在未来 5~10 年之内会增加多个住院床位；

而且，随着基层门诊的逐步开展，门诊将更多地设置到社康中心。那么未来的门诊量和住院床位数的比例可能会显著降低。在规划大型医院的时候，要以动态平衡分析的方式，以前瞻性眼光去做评估。如果能够结合更为严谨的数据来做分析，将会更加符合趋势的发展，避免造成设施的浪费和后期大量的变化和修改。

1.2 规划方式的差别

国外医院设计程序是由内到外，注重建筑之间的功能关系和本身的实用性。在项目开始前，召开使用者会议，确定房间功能关系表（Space Program）。先利用标准块来做功能组合分析，与使用者确认建筑内部的流线及各部门之间关系的合理性，再提供合理的平面功能布置图（Blocking Diagram）和竖向功能布置图（Stacking Diagram）。在整个建筑的医疗规划完全确定后才开始外立面的设计。外立面的设计尊重原有建筑形体，但会在造型上做适当的调整以创造更丰富活泼的形式，由内到外、由里及表。最后实现建筑功能和形式的完美结合，形成高效、美观、新颖的建筑组合。完善内部空间和细节的设计，保证建筑内部平面的高效性。

西方发达国家的很多医院都是按由内到外的流程进行设计，而且最后都能有良好的社会反响。我国目前的医院设计由于大多数都是公开招标，主要看整体的视觉效果来定方案，对医院内部流线及功能的合理性往往缺乏深入分析。后期深入设计的时候，往往频繁地修改。

目前我们在国内医院的模块化设计方面取得并积累了一定的经验，创造了有中国特色的庭院式、绿色生态的新型综合医院。从建筑的整体布局、各主要部分的组织形式，到门诊单元、住院单元和医技单元各自内部的构成都有了相对成熟的模式。

2 精准规划的目的

如果能够将医院规划设计中相关的房间、面积、数量进行科学统计和分析，形成简单易于操作的模式，将会引领整个医疗行业的健康发展。于是，我们结合中外医院建设实践，把过往的医院建设大数据进行整理，梳理了医疗设施功能规划的计算流程。也就是将大量医院建设数据进行整理和逻辑关系的编写，化繁为简，把复杂的工作转化为清晰明确的方式。在使用方提供关键的规划因素，如规模、性质等数据后，可以通过电脑的快速计算，为建设者提供医院设施功能规划面积指标表。以此为依据，再进行下一步的策划和开发，对于实践具有明确的指引性。相关数据的逻辑性是基于大量的医院建设和运营标准以及建设数据之间的逻辑关系而确定的，其作用主要体现在：

（1）使得医院建设的各部分具有前后一致性；

（2）功能的设定能够确保运营的高效合理，并且结合当地的实际需求，而不是盲目地开发；

（3）极大地降低沟通成本，节约人力、物力；

（4）使建设有了明确的方向和目标，成本的把控也有了前置的依据。

早期的医院设计是按计划经济的路线，根据七项建设指标及床位数来套比例。对于同样床位数和规模的医院，在建筑的体量、单元面积的设定和平面布置上也都有了一套标准化的设计模式。随着人们对医疗环境和护理要求的不断提高以及外资医院和民营医院的不断涌入，很多传统的标准和理念在设计实践中不断被更新，需要重新确定床均指标。

在传统设计中，病房单元的面积一般在 1500~1800 ㎡，容纳约 50 个床位。每个床位在护理单元中包括所有的医护辅助和交通的平均面积只有 30~36 ㎡。3 个患者往往挤在 6 米多的空间里，病床之间的空间只有 1.2m。每个患者拥有的个人空间狭小，而家属的陪护往往是在过道里。虽然我们的医院号称拥有大量的床位，实际上人均床位面积只有 70~100 ㎡，而床均面积和住院舒适度、护理等级、患者和医护人员满意度等直接相关。

由此产生的问题是患者住院的环境差、缺乏隐私、病房内缺乏治疗空间、家属缺乏陪护空间，休息不好，精神状态不好，容易产生烦躁情绪。患者之间的相互干扰也会导致休息不佳，恢复时间延长。医护人员用房短缺，医生值班、休息办公和培训会议空间狭小。辅助区域用房面积不够，污物存放和处理空间不足，导致走廊等空间堆满污物。

在西方发达国家，人均床位面积远远超过我国。一个普通的护理单元里几乎所有的床位都是单人间，一般 16~18 个房间，也只有 16 个床位，而在国内则是一个 48~50 床的病区。有研究表明，双床间可以增进患者之间的交流，有益于精神鼓励和疾病康复。但对于生产妇科等需要大量家属陪护，以及呼吸系统等传染病，还有癌症、白血病等容易感染的患者，应该尽量提供单人间。这将是未来医疗发展的趋势，也是我国医疗服务品质不断提升的要求。

以前国内设计的医院 90% 以上的房间都是三人间，现在民营医院病房很多采用单人间以提高舒适度。未来医院也逐步向更加舒适、更加人性化的方向发展。双人间和单人间的数量将逐步增多，医护人员的工作服务和辅助空间也会相对增加。在设计中，目前由于医院的护理人员短缺，值夜班时往往只有一个护士，病房单元中只设置一个中心护理站。在国外，中心护理站—卫星护理站—分散式护理站的模式演变体现了护理级别的不断提高。

我国医院工作人员和病床的比例是 1:1.5~1:1.7，医生护士的工作强度

非常大，容易导致失误和医疗事故。而在国外，如美国的

约翰·霍普金斯医院（The Johns Hopkins Hospital）和西达赛奈医疗中心（Cedars-Sinai Medical Center）等达到1000床的医院，医生护士等工作人员都有上万人，也就是接近1:8的比例。而这样大型的医疗中心必然需要为医护人员提供相应的办公、科研、值班和后勤服务的面积指标，所以医院整体的床均面积将进一步加大以满足医护的使用需求。

目前，深圳市出台了新的医院建设标准，其中按床位数的大小对床均面积和医院规模进行了调整，1500床的医院床均面积可达到130㎡。但这个标准需要随着未来科技的不断发展而调整，特别是大型医疗中心，随着门诊社康化，分级诊疗政策的推行，未来将承担"危急重症"的抢救治疗，对于手术室、急诊急救、大型放射和诊疗设备的需求和空间要求将逐步加大。首先，手术中心将开展更多的杂交手术、百级手术、需要铅防护的手术，这些手术室要求的面积将比普通手术室多出一倍。另外，未来机器人和轨道物流传输将会更多地取代人力，要求的运输通道宽度和空间也会加大。

在未来医院发展的模式中，比较突出的是门诊逐步走向基层，分布到居民区中，为患者提供方便的预防保健和小病、常见病以及康复治疗检查等服务，大型医院和医疗中心内部的门诊比例可以适当缩小。而治疗部分将更加依托大型精密仪器设备、基因测序诊断等手段采取的精准治疗，医技和住院部分的比例将进一步增加。

门诊将逐步被"诊疗中心"取代，"以患者为中心"，以减少患者往返奔走的路程为目的，在同一楼层设置挂号缴费、抽血检验、发药中心站，在每个诊疗中心提供相应的医技检查服务。例如，在妇科提供B超，在心血管中心提供心电图等"一站式"服务，让患者可以方便地在同一楼层就完成整个就医流程。

3 精准规划的方法

精准规划对复杂的医疗工艺进行梳理，以清晰明确的数理关系来定义医疗功能单元的经济技术指标，通过逻辑编程和自动法则计算，在输入医院规模后，把所有变量根据在医院建筑设计过程中相关的数据，寻找并设定逻辑运算原则进行串联。在确定关键数据的前提下，可联动其他所有特殊变量数据以及常规标准数据计算，可快速输出标准医院的功能规划和造价估算、大型设备的需求量等关键指标，为医院标准化设计和工程建设以及投资提供基础。其中包含了以下几个步骤：

（1）确定医院的性质；

（2）确定医院的规模；

（3）确定医院的面积（科室面积＋交通面积＋墙体面积）；

（4）确定不同专科医院和综合医院包含的不同科室；

（5）确定不同部门的面积（功能房间面积＋交通面积＋墙体面积）；

（6）确定功能房间的数量和面积，包括确定不同等级（高端、中端、基础型）医疗用房的面积；

（7）确定医院的估算面积（涉及场地大小、景观和地下室等不确定的部分不包括在内）。

3.1 确定医院的性质

要开始规划医院了，可是还不知道做什么类型的医疗设施。这常常是很多项目在开始时就碰到的问题，出现这个问题通常有以下几种可能：

（1）项目没有找到具体的运营方，因而没有方向；

（2）项目在新开发区域，定位未完全明确，周边社区人员还未进驻，无法清晰定位；

（3）项目为多方合作，各方的想法和立场不同，导致定位无法明确；

（4）项目用地的批复和使用性质在实际环境中存在困难，需要重新定位。

现实中的各种复杂因素可能会导致决策的困难，这更加需要我们采取科学的态度，实事求是地进行分析和推论求证。

首先是确定项目的总体规模和性质。综合医院的功能较为全面，前期规划中最基础的是医疗建筑相关部门的功能规划表，包括医院门诊、医技、住院、办公科研、行政管理以及后勤辅助、健康管理七大部分。功能规划包含了约70个不同科室的数据。这些是后期进行设计的基础。依据上述计算顺序，对每个部分进行逻辑运算，并表示其与输入的关键数据——规模、运营数据之间的联动关系，以及如何输出数据即可。

（1）门诊包括各种不同类型的专科门诊：妇科、儿科、眼科、康复、老年、内科、外科、肠胃、心血管等。

（2）医技包括多种常规的医技科室：手术室、供应中心、重症监护、检验病理、血库以及其他辅助用房。

（3）病房包括所有门诊对应的专科病房以及一些特殊病房：血液病房、传染病房、涉及的部门种类较多。

除了传统的综合医院，还有其他类型的医养结合设施及各专科医院，如专科医院可分为：妇儿医院、眼科医院、肿瘤医院、口腔医院、美容医院等。每一种专科医院对应的科室单元不同。这些将在后面章节中做详细阐述。

3.2 确定医院的规模

不同医院包含的科室不同，但都由门诊、住院、医技组成。门诊和住院的功能比较标准化，面积的计算是根据标准模块平面的布局研究出来的，并可转换为建筑设计的模块单元。

确定医院的规模是整个医院建设过程中最为重要的事情。规模的确定应与其他相关因素一并考虑，如用地的大小、容积率的高低、医院的服务对象是中高端还是基础型、床均面积等。同时是专科还是综合医院也会对规模和指标有一定的影响。综合医院一般规模较专科医院要大。规模过大或过小，对后期可提供的服务以及运营都会有影响。如果盲目确定医院的分期规模，未来相应的配套设施可能无法满足，或者无法提供高效的运营。

确定规模对整个后期的总体规划都会产生巨大的影响。不能盲目地追求规模大或者随大流，而不顾实际需求。例如，当场地面积狭小，大规模必然导致总体的密度增加，导致医院病房的居住环境不佳，整个场地的停车出现问题，以及人流过多产生的拥挤，体验差等问题。目前，由于城市用地紧张，很多医院已经出现 3 的容积率，也就意味着医院住院楼必然是 100m 高层，裙楼也可能是高层。而且地面上除了道路外，几乎没有绿化，这对医院的消防和整体环境的舒适性是不利的。国外众多医院考察的结果和实际案例显示，住院楼的层数在 10 层左右时将有效地缓解医院垂直交通的压力，避免患者和家属等待过长的问题。因此，在规模、床位数和品质之间，需要有一个平衡。

每一个医疗建筑，其寿命至少 50 年。在未来，随着环保意识逐步加强，不可能再像现在这样大规模地改造建设，最多是内部一定范围内进行更新。这要求在设施规划时，要有长远的规划，考虑后期发展的灵活性。

在确定规模的时候，有时候项目整体规模较大，还需要进行分期建设。每一期的规模，对于医院前期的运营和后续的发展都会产生巨大的影响。因而，总体规划以及分期开发规模的确认也需要设计师有丰富的经验和远见。在确定分期规模面积大小的时候，需要考虑工程建设的整体性。医院完整的功能规划，特别是门诊、住院面积比例的设定、医技部门科室的选择设定、急诊急救以及手术、重症和检验、药房、供应中心等科室紧密关系和正确的设置，可以实现后期较小的改动。因为医技科室的调整会导致整个项目较大的调整和投资的增加，有一些改造甚至会影响整个项目功能的合理性。所以在计算面积和投资计划的时候，需要有全局的考虑，需要前瞻性以及整体性。

3.3 确定部门的面积

因为医院建筑造价较高，所以使用面积系数是衡量建筑高效性的一个重要指标。目前我国的规划设计还未达到这个精度，设计比较初泛，并未对医疗建筑的使用效率做深度研究。由于建设方、管理方、使用方缺乏相应的意识，导致通常建设了很大规模的医院，很多功能却无法实现，使用面积不够。现实表现为各个科室常常为争面积而发愁，发现实用面积不够，很多功能缺失和无法满足；或全部功能房间放下去后，每个房间实用面积很小，设备家具摆放困难。这些都是缺乏精准规划产生的问题。

所有部门面积计算的基础原理是一样的：先计算各功能房间的面积，再按照实践的经验数值，确定部门的交通走道、墙体在总面积中的百分比，来规划部门总的建筑面积。部门面积不包含部门外的水平和垂直交通核心的面积，后者面积属于建筑总体的交通面积。

在各部门面积计算之后，再根据总体建筑面积系数分别计算出建筑的总体辅助交通面积和墙体面积，三者相加才能得到整个建筑群的面积。大型医院通常包含多个建筑单体并存在较多的连廊、中庭空间以及核心筒。

这个过程是规划预测整个医院的建筑面积，前期需要进行一个初步的适应性测试（test to fit），检测其可实现性。其中建筑面积系数是历史经验数据，建立在过往多个实际建成医院的经验基础上，要达到这个要求也比较困难。通常一个部门的规划需要经过多次的、反复的验证，才能达到比较经济合理的面积系数要求。在国内，由于洁污分流、医患分流等要求，常常导致留有较多的走廊面积。对于普通住宅来说，70% 的使用率是容易达到的，而医院的医技部分，60% 的使用率有时也比较困难。特别是手术室、内镜中心等有严格洁污分流要求的科室，按照目前洁污分流的要求，交通走道占据了大量的面积。部门的方案往往要经过多轮推敲才能达到规划的使用效率。

在医院总体床位数和面积确定之后，各个部门之间具体面积的协调，将会是整个医院规划中的最大难点。如果前期没有精准的规划，后期各部门的指标就难以控制。精准规划的方向就是要通过对所有房间的合理设置及配备，使得各个科室的面积以及总体的面积达到协调的结果。

3.4 确定主要房间的数量

目前主要通过床位数确定主要治疗房间的个数。房间单位时间内能治疗患者的个数不同，房间的运营时间和模式也不同，有些需要与使用方沟通后做调整，但可以先按普通的模式计算一个基础数值再做调整。

4 精准规划的应用

精准规划是甲方进行项目开发策划、设计任务书制定和建筑设计实施的参考和依据，是对总体工程造价进行测算的前提。在设计过程中，依照精准规划进行设计，可以避免重要房间被遗漏，避免过度地开发和浪费；可以保证功能的完善性、前后的一致性和逻辑性；也可以为设计方提供指引，使房间的面积以及主要功能在设计过程中都有参照。按照精准规划进行设计，在任何单项不应该有大于 10% 的误差，整体的误差不应突破 5%。如此，就可以确保最初的功能规划能够在实际的设计和实施过程中得以落实，帮助甲方科学合理地控制造价，确保工程内容的完善，使质量达到相应的标准。

由于计算机技术的高度发展和运用，建筑设计公司已不满足于使用已有的设计软件，而是根据自己设计的需要来开发合适的软件以提高工作效率，为业主提供更高标准的新技术服务，并为项目设计增加附加值。在建立了医院功能规划数据库后，可链接到设计数据库，通过软件使功能规划数据库和设计平面灵活互动，房间模块可以在限定条件下做适当的调整。房间模块的所有细节设计可以根据平面布局调整而自动缩放，在方案平面完成的同时，施工图的大样平面也基本完成，可以逐步实现一体化设计，缩短了设计时间，减少了工作量。这也是将功能规划和建筑设计结合起来的一种创新应用。

第二章　医疗设施功能规划和面积计算

在确定医院功能规划及面积时，可按图2-1所示步骤进行。此部分为总论，将概括罗列各步骤的主要内容，并将对每个环节进行详细阐述。

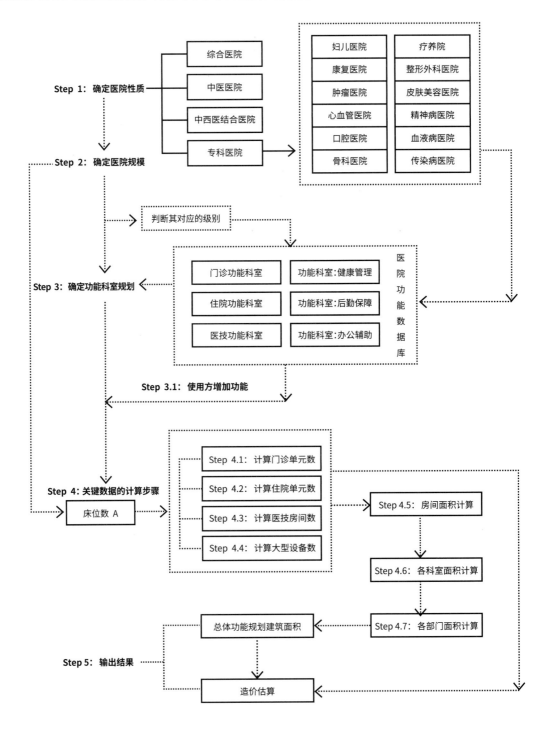

图 2-1 医院功能规划及面积计算流程图

1 确定医院的性质

医院总体上可分为综合医院和专科医院。由于中医是我国几千年的民族文化宝藏，因而在国家对医院的性质进行界定时又将中医院、中西医结合医院列入单独类别。

专科医院又有多种分类，如妇产医院、儿童医院、骨科医院、康复医院、肿瘤医院、心血管医院、胸科医院、口腔医院、皮肤美容医院、传染病医院、精神病医院等。

2 确定医院的规模

医院的规模主要指标为床位数。在确定对应的医院性质后，结合医院规模，分析医院级别，一般为一级、二级、三级，并确定相应的最低门诊及医技科室的配置标准。

3 确定功能科室规划

根据医院性质及相应等级，确定其匹配的科室。

（1）从门诊部、医技部、病房部、后勤支持部、办公科研部分别抽取对应等级和性质医院的科室。

（2）使用方提出个性化需求，增减科室名单。

4 关键数据的计算步骤

关键数据包括门诊诊室和单元数量、住院单元数量、主要医技用房和大型设备的数量。

4.1 计算门诊单元数

（1）确定日总门诊量。

（2）分配各个门诊科室日门诊量。

（3）确定单个诊室的日门诊量。

（4）计算诊室的数量。

（5）计算各诊疗单元的数量。

4.2 计算住院单元数

（1）确定非病房床位数量。

（2）计算病房床位数量。

（3）确定病房单元床位数量。

（4）计算病房单元数量。

4.3 计算大型设备数

（1）确定千门诊量机器数量。

（2）确定千住院量机器数量。

（3）导入日总门诊量，计算门诊需要机器台数。

（4）导入病房床位数量，计算住院需要机器台数。

（5）计算总体需要机器台数。

4.4 计算医技房间数

（1）计算主要用房的需求量。确定手术室、ICU、透析等科室主要房间需求。主要依据为其与总床位数的比例关系。

（2）确定辅助功能科室，如药房、检验、病理、供应中心等科室面积。

（3）导入主要用房数量到各医技部门进行计算。

4.5 房间面积计算

$$房间面积 = 单个房间面积（x）× 房间个数（a）$$

$$S_{Room} = x^k a^k \quad （式2\text{-}1）$$

同类型房间面积一般都有设定，多数房间个数的基础设定值为 1。其他房间个数在 4.1～4.4 步骤中确定。房间个数的计算原则是核心。

4.6 各科室面积计算

科室的总面积＝各区面积之和＋水平交通＋外墙面积

$$S_{Dept} = \sum_{k=0}^{n} \binom{n}{k} x^k a^k \times (1+Y1t + Y2t) \quad （式 2\text{-}2）$$

式中：

x——房间面积

a——房间个数

k——在该科室功能规划表中该房间的序列位置

$Y1t$——该科室交通面积系数

$Y2t$——该科室墙体面积系数

t——该科室在总体功能规划表中的序列位置

　　各科室的计算法则一般为功能房间加上辅助用房，再加上办公空间，最后再加上公众休息等候空间。算出所有的功能房间面积后，再计算科室内的交通面积及墙体面积。通过把功能房间的净面积、交通面积以及墙体面积相加，可以得到部门的建筑面积。交通和墙体面积的比例通常是按照该部门一个常规的经验数值进行取值。交通的面积系数一般较大，可能会达到35% ～ 40%。墙体的面积一般为 10% ～ 11%。例如在手术室，因为有洁净和污物通道及较严格的缓冲空间等，交通面积系数可达到40%，而普通门诊单元的交通面积因为一般采用效率较高的双走道，一般为35%。

4.7 各部门面积计算

建筑的总面积＝各部门总面积＋建筑垂直交通体以及公共空间面积＋外墙面积

$$S_{Hospital} = \sum_{t=0}^{m} \binom{m}{t} \times (1+Y3 + Y4) \quad （式 2\text{-}3）$$

式中：

m——所有部门的个数

t——该科室在总体功能规划表中的序列位置

$Y3$——医院总体交通面积系数

$Y4$——该建筑外墙体面积系数

　　通过统计各个科室的面积，得出建筑的实际使用面积。然后，通过同样的逻辑和计算方法可将整个建筑的垂直核心筒面积及公共大厅的面积作为附加面积计算。建筑的垂直核心筒面积通常也会根据建筑的大小发生变化，取值多大于30%。

　　另外就是计算整个建筑外墙的面积。有一些建筑群通常由多个功能用房组成。但是在最初的建筑规划当中，是完全根据部门的面积来进行总体面积需求的统计，未来在设计的过程中再分配到不同的建筑当中去。

5 医院精准规划的方式与结果

　　整个功能规划的最终输出结果为总表和分表。

　　总表中，显示所有科室类型及该类型性质的医院面积分配状况，门诊、住院、医技各个部门的面积、关键房间数量、单位房间面积等指标及总的建筑面积。总表中仅反映各个科室总面积，其数值与分表各个科室的总面积相等（见图 2-2）。

　　总表数据也可用作造价计算的基础，造价计算的输出结果为总体建筑安装成本计算表。其中关于门诊、住院和医技用房面积的统计来源于"功能规划表"中各个部门面积的总和。

　　关于医疗附属工程计算中的数据，来源于大型设备、手术室、ICU、实验室等特殊用房，需要特殊的净化及更高的装修价格等内容。

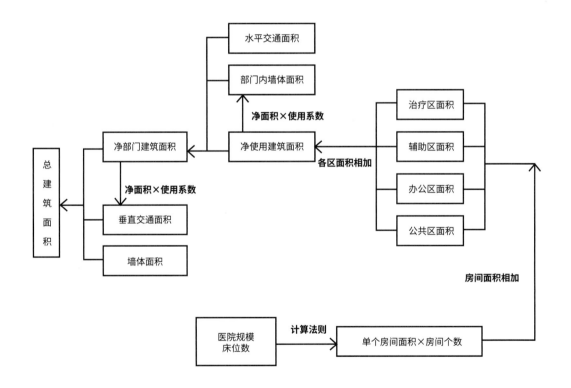

图 2-2 医院建筑总体面积和计算流程图

5.1 医疗设施性质的确定

在进行医院建设的初期，最关键的是确定医院的性质，也就是医院未来主要服务的内容及专科特色和方向到底是什么。为了回答这个问题，我们需要先进行一系列的分析和研究。

（1）拟创办医院（医疗机构），主体情况：

①拟创办（合作）医院（医疗机构）资质与性质；

②公司创办（合作）医院（医疗机构）实力；

③创办（合作）医院（医疗机构）的资源和渠道；

④合作方是否有过医疗投资的经验？如果有，目前效果如何。

（2）拟创办医院（医疗机构）情况：

①拟创办（合作）医院（医疗机构）项目投资的额度；

②拟创办（合作）医院（医疗机构）定位与规划；

③拟创办（合作）医院（医疗机构）是专科医院、综合医院还是其他；

④拟创办（合作）医院（医疗机构）规模；

⑤拟创办（合作）医院（医疗机构）的运营思路和方式。

（3）现有医院（医疗机构）情况（合作方为已开办医院）：

①具体医疗水平及其所在省（市）的综合位置；

②门诊年总人数、住院年总人数、具体科室分布情况；

③医疗设备和设施情况；

④医疗人员数量、结构、来源，各科室具体的人员数量、结构；培训培养情况；

⑤现有医院（医疗机构）收入情况和年利润；

⑥与周围同类医院（医疗机构）相比的优势与劣势；

⑦社会、患者对医院（医疗机构）的评价及社会声誉。

（4）拟创办医院（医疗机构）区域情况：

①覆盖常住人口数量，人口结构情况；

②项目附近的经济状况，人口结构的经济状况；

③项目地区的人均工资及消费水平；

④项目地区的经济总量在所处省（市）的位置与排名；

⑤项目附近 1 小时内的交通（飞机、火车、汽车）状况；

⑥项目附近公立、民办医院（医疗机构）的数量、医疗服务水平及收费情况 (公办、民办各前 2 名) 等；

⑦项目附近近期是否有新成立的公办、民办医院（医疗机构）。

（5）当地政府对创办医院（医疗机构）的要求：

①政府希望提升的方面；

②政府和卫健委对医院（医疗机构）发展的指导思想；

③特殊配套优惠政策及可能性；

④当地政府对民办医疗发展的态度及政策环境；

⑤能否给予拟创办医院（医疗机构）医业务人员编制；

⑥拟创办医院（医疗机构）可否纳入当地医保系统。

5.1.1 公立医院

一般来讲，公立医院多数为国家投资，提供综合、基础服务，而且历史悠久，积累了大量优秀的医务人员，专科开设的种类比较齐全。所以，公立医院一般设置为综合医院，通常属于三级甲等医院，而且规模较大。目前，中国很多县级医院都达到千床规模。特别是在 2000 年后的医院建设高潮中，国家对公立医院的投资加大，希望尽快提高人均病床的指标，改善就诊和住院条件，公立医疗设施的规模越来越大。

北京、上海、广州等一线城市积累了大量的医疗卫生人才和医疗资源，拥有一些声誉良好的大型公立医院。而深圳作为后起之秀，在医疗和教育产业上也展开了前所未有的大规模投资。在各区建立了以 3000 床的区域医疗中心为龙头，多个特色 1000 床医院为核心及基层门诊社康结合的模式，建立医疗集团，实现医生和医疗资源共享，并通过与大学联合的方式，不断吸收人才，打造未来的医疗健康产业。

因为国家的资金和投入是有限的，所以公立医院更多的是提供基础服务，满足绝大多数普通老百姓在危急病重时的医疗需求。目前开展的分级诊疗，将前端诊断、健康管理和预防保健下放到基层，让公立医院的医生可以解放出来，更专注于危急重症的处理和解决，是对宝贵医疗资源的合理利用。这种分工和分流，也为民营资本进入医疗，并提供差异化服务创造了机会。这样的分工将建立一个平衡和谐的医疗生态圈（见图 2-3）。

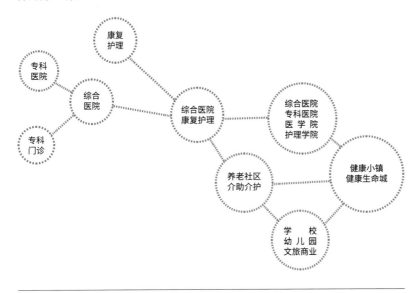

图 2-3 和谐健康的医疗生态圈示意图

5.1.2 民营医院

民营资本在 2000 年后逐步进入医疗建设行业。由于医院的投资回报周期长、工程造价高、投资金额大，而民营资本资金相对紧张，所以早期的民营医院多为小规模的专科诊所或是体检中心等。少数民营企业投资某些专科医院，如美容、口腔、骨科、中医、妇儿、康复、肠胃等医院。这些专科医院的技术难度相对综合性医院较小，人才储备的要求没有那么高，后期的运营也相对简单，比较容易运营并产生效益。由于我国二孩政策的影响及老年人口的急剧增加，还有工作压力和亚健康状态而导致的脊椎骨骼疼痛、视力下降等问题，使得这些专科医院可以有较稳定的患者人群，其中不乏高端服务的需求。

专科医院中，肿瘤、脑科、神经、心血管等医院属于技术难度较大的专科，对设备投资、基建投资及人才要求都比普通医院高，特别是对专业技术人员的要求较高。这些医院即使有大量社会资本的进入，可如果无法吸引到专业的人才来加入，也无法对患者产生强烈的吸引力。即使是公立医院，如果贸然在人员储备不足的条件下开办这些专科，也会导致无法正常运营。

5.1.3 医养社区

大型的医养社区需要配套医疗设施，而大型的医院，需要学校和教育机构为其源源不断地输入人才资源。千床以上的医院往往需要与整个社区形成医疗产业。这种情况下，可以与知名大学或者医疗慈善机构合办医学院和护理学院。这样既可以解决社会上大批青年学生就业的问题，也可以培养更多的医护人才。医院和医学院的建设常常会引入相关的医疗设备仪器的研发及新药的开发，带动周边相关医药市场、医药研发、生物科技、旅店商业等配套服务设施，形成生态网络系统。

在医疗建筑行业的前期策划过程中，不仅要关注投资的金额和规模，更为重要的是前期可以引进的医疗机构和专业技术人员。人才是医疗设施的关键，在未来的需求会越来越大。在建院之初，一定要做好整体品牌和人才规划，这往往也决定了医院将来的特色专科和定位。目前引进医疗运营单位的方式通常有以下两种。

（1）与国内外著名大学、知名医疗机构及医疗共同体合作

这种方式可以使医院的起点比较高，无论是理念，还是技术和管理，可以快速接近乃至达到国际先进水平，包括一些专科特色，都可以在未来的运营上形成较好的开端。

需注意的问题：

①国外大学或医学院可以输入理念和管理模式，但具体执行还是本地团队，前期双方需要不断地相互了解，以形成共同的理念；

②双方由于语言、习惯和文化思维的差别，谈判的时间比较长，筹备期较长；

③从医疗行业规范、发展策略、规划布局模式到设备家具摆放细节上，国外的要求与国内不同，需要判断如何才能将好的理念结合中国实际并具体落地；

④需要匹配国内的高端医疗和管理团队，才能与国际团队接轨并开展合作。

（2）与国内成熟的知名医院或大学医学院、护理学院合作

①本土化的优秀团队对于国内情况比较了解，能够较快地入手并推动项目；

②如果后期能够与大学医学院或者护理学院合作，可以不断引进人才并通过培训，为后期发展输入源源不断的后备人才；

③沟通谈判的时间会缩短，筹备的时间也可以相对缩短，有利于项目的整体推进。

需注意的问题：

①取决于该医院或大学具体的专科优势，可能会有一定的局限性；

②后期可通过专家评审和同行参观学习等方式取长补短，不断发挥自身优势，弥补短板。

5.1.4 专科医院

专科医院相对综合医院来说规模较小，只包含综合医院中的部分门诊、医技、病房及必要的办公、后勤支持。在进行设计和面积规划之前，应对不同的专科和综合类的医院所包含的各个部门进行区分，以便更清晰地进行计算。例如，肿瘤医院中不会包含儿科、传染病区，以避免对儿童的传染，并将传染病人与免疫力较低的肿瘤病人隔绝。

在选择对应的专科医院功能，预先进行科室的分类设定时，要避免将不相关的科室纳入规划体系（见表2-1）。

（1）妇儿医院：主要对应妇科、儿科门诊及待产分娩、手术、新生儿重症监护病房、新生儿科、产科病房、妇科病房及儿科病房；医技部分包括检验、病理、药房、放射、B超、供应中心等。

（2）肿瘤医院：主要对应肿瘤科门诊及放疗科、核医学科、放射科、检验病理、手术室的门诊医技科室、住院的肿瘤病房、康复病房和层流净化病房等。

（3）口腔医院：主要对应牙科门诊、口腔手术室及口腔病房，并辅以常规的医技科室。

（4）康复医院：主要对应康复门诊、康复评定和康复治疗，包括物理治疗（电、水、声、光等各种治疗方式）及康复病区。一些康复医疗设施还要结合养老院，需要加入和开发自理老年公寓、介入护理、特需护理、临终关怀和老年生活设施等。这是一种创新的、结合实际的方向。

表 2-1　专科医院门诊和医技科室规划表

名称	床位数/等级	门诊科室	医技科室
综合医院	20~99 Ⅰ级	急诊、内科、外科、妇产科、预防保健科	药房、检验科、X光室、消毒供应室
	100~499 Ⅱ级	急诊、内科、外科、妇产科、儿科、口腔、眼科、耳鼻喉科、感染科、皮肤科、麻醉科、预防保健科	药房、检验科、放射科、手术室、病理科、血库、消毒供应室、病案室
	>500 Ⅲ级	急诊、内科、外科、妇产科、儿科、口腔、眼科、耳鼻喉科、感染科、皮肤科、麻醉科、预防保健科、康复科	药房、检验科、放射科、手术室、病理科、血库、消毒供应室、病案室、核医学科、理疗科（康复）、营养科
中医院	20~79 Ⅰ级	内科、外科	药房、检验科、X光室
	80~299 Ⅱ级	内科、外科、针灸科、骨伤科、推拿科	药房、检验科、放射科
	>300 Ⅲ级	急诊、内科、外科、妇产科、儿科、针灸科、骨伤科、肛肠科、推拿科、眼科、耳鼻喉科、皮肤科	药房、检验科、放射科、病理科、消毒供应室、营养科
肿瘤医院	100~399 Ⅱ级	急诊、内科、外科、放疗科、中医科	药房、检验科、放射科、手术室、病理科、血库、消毒供应室、病案室、营养科
	>400 Ⅲ级	急诊、内科、外科、妇科、放疗科、中医科、麻醉科、预防保健科	药房、检验科、放射科、手术室、病理科、血库、消毒供应室、病案室、核医学科、营养科
儿童医院	20~49 Ⅰ级	急诊室、内科、预防保健科	药房、检验科、消毒供应室
	50~199 Ⅱ级	急诊室、内科、外科、五官科、口腔科、预防保健科	药剂科、检验科、放射科、手术室、病理科、消毒供应室、病案室
	>200 Ⅲ级	急诊科、内科、外科、耳鼻喉科、口腔科、眼科、皮肤科、传染科、麻醉科、中医科、预防保健科	药剂科、检验科、放射科、功能检查科、手术室、病理科、血库、消毒供应室、病案室、营养科
传染病医院	150~349 Ⅱ级	急诊科、传染科、预防保健科	药房、化验室、X光室、手术室、消毒供应室、病案室
	>350 Ⅲ级	急诊科、传染科、预防保健科	药房、化验室、X光室、手术室、消毒供应室、病案室
心血管医院	>150 Ⅲ级	急诊科、心内科（并设重症监护室）、心外科（并设重症监护室）、麻醉科	药剂科、检验科、放射科、输血科、手术室、核医学科、消毒供应室、病案室
血液病医院	>150 Ⅲ级	血液一科（各类贫血）、血液二科（白血病及各类恶性血液疾患）、血液三科（出凝血疾病）、血液四科（骨髓移植科）、预防保健科	药剂科、检验科（包括细胞形态室）、放射科、功能检查科、手术室、输血科、病理科、消毒供应室、病案室
皮肤病医院	>100 Ⅲ级	皮肤内科、皮肤外科、真菌病科、康复理疗科、中西医结合科、性病科、预防保健科	药剂科（含制剂室）、检验科（含真菌检验）、放射科、手术室、病理科、治疗科、消毒供应、病案室
整形外科医院	>120 Ⅲ级	整形外科、麻醉科	药剂科、检验科、放射科、手术室、病理科、消毒供应室、病案室
康复医院	>20	功能测评室、运动治疗室、物理治疗室、作业治疗室、传统康复室、言语治疗室	药房、化验室、X光室、消毒供应室
疗养院	>100 Ⅲ级	传统康复医学室、体疗室	药房、化验室、X光室、心电图室、超声波室、理疗室、消毒供应室
妇幼保健院	5~19 Ⅰ级	妇女保健科、婚姻保健科、儿童保健科、计划生育科、妇产科、儿科、健康教育科、信息资料科	药房、化验室
	20~49 Ⅱ级	妇幼保健科、婚姻保健科、围产保健科、优生咨询科、乳腺保健科、儿童保健科、儿童生长发育科、妇儿营养科、儿童五官保健科、生殖健康科、计划生育科、妇产科、儿科、健康教育科、培训指导科、信息资料科	药剂科、检验科、影像诊断科、功能检查科、手术室、消毒供应室
	>50 Ⅲ级	妇女保健科、婚姻保健科、围产保健科、优生咨询科、女职工保健科、更年期保健科、妇儿心理卫生科、乳腺保健科、妇儿营养科、儿童保健科、儿童生长发育科、儿童口腔保健科、儿童眼保健科、生殖健康科、计划生育科、妇产科、儿科、培训指导科、健康教育科、信息资料科	药剂科、检验科、影像诊断科、功能检查科、遗传实验室、手术室、消毒供应室、病案室

5.2 医疗设施定位的方法

建设医院的第一件事情就是定位，并不是所有医院都适合做综合医院。开办医院之前，首先要对医院周边的医疗设施及区域内的医疗就诊情况进行详细分析。

5.2.1 医疗需求数据分析

（1）分析区域整体经济状况、消费水平及人均收入状况，明确医院未来服务对象、收费项目和收费水平，从而精准地规划未来医疗机构中各个科室的收支结构。

医疗就诊数据的分析将会揭示周边病种分布和发展趋势，这也与区域人口分布与产业布局有一定关系。

例如在深圳，年轻人的比例较大，随着国家二孩政策的推行，大量新生儿诞生。所以妇科、产科、儿科和新生儿科，通常会在整体业务量中占到三分之一左右。因而深圳的妇儿医院、月子中心、儿科诊所等业务必然有大量需求。

在内地，自 20 世纪 90 年代后青年人口大量外出，而且随着人口老龄化发展趋势和社保等限制，大批老人遗留在内地，老年病、高血压、糖尿病、心血管和肿瘤等病症较多。大量老年医院、康复医院和各类养老设施将会应运而生，这也反映出不同区域的人口分布和需求特征。所以分析区域就诊人群的特点，了解需求所在并提供对应的专科服务，是医疗设施设计中较为重要的方法。

（2）分析就近若干同等规模的医院过去 5 年的就诊数据统计结果。

（3）分析周边新建公立和私立医疗设施的医疗服务水平及收费状况。

分析对象各选取 2～3 名。通常市或区级医疗卫生管理单位会进行统筹规划，在设施提交审批过程中，也会做相应的论证，以避免同类型医院建设过多，相互之间竞争而无法最大限度地满足周边居民需求。通过分析发现差异，并提供更有竞争力的服务。

5.2.2 项目位置及交通情况分析

除了就诊医疗需求数据分析外，决定医院定位的还有其他一些关键条件，如项目所设置的位置及交通情况。以某大型医疗中心为例，其设置在城市周边半小时车程的新区，周边环境非常优美，有山有水。这种条件下，初期开设大型综合医院，不一定会有足够的就诊人群，或者短时期内很难有大量的综合性病症患者到这里就诊。那么具有特色的康复医院将会更具特点和针对性，可以为手术后患者恢复、中老年人康复调理及孕妇产后恢复等提供特色专科服务。同时，这类人群因为需要长期住院，需要安静舒适和没有干扰的环境。如果没有便利的公共交通，自己开车或乘出租车到达也基本可以解决。

因而在定位的时候，需要结合医院周边的人口和疾病情况及交通情况、地理位置等综合要素进行评判，不要单一为完成指标去制订计划。需要为医院运行初期及后期做好长远规划，保证每一个阶段，医院的设施设备和人力都能得到最充分合理的使用，这样才能保证医院正常的周转。

5.2.3 医疗人才储备和专科特色分析

医院自身所具备的人才储备及专科特色，也是医院定位时需要考虑的重要因素。患者多是根据医院的声誉或服务质量、住院条件来做选择的。如果是新建医院，第一件事就是要搭建强有力的医疗管理团队，吸引各个专科的技术人才与品牌医院建立连接，邀请知名专家坐诊或是签订合作交流的协议。对于公立医院，人才可以在不同医院内流动；而对于民营医疗机构，只有明确了人员和对应的服务后，才可以真正宣传医院的定位（见图2-4）。

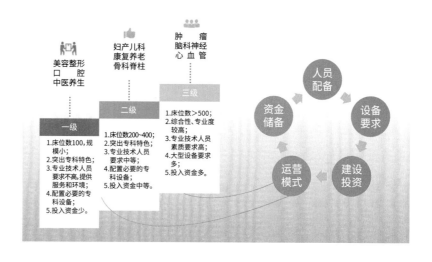

图 2-4 拟创办医院（医疗机构）的资质与性质示意图

5.3 医疗功能单元的组成

医院的基本医疗功能一般分为六个部门：门诊区、医技区、病房区、健康管理区、后勤支持、办公科研。

基本医疗用房的面积包括急诊部、门诊部、住院部、医技部、保障系统、行政管理和院内生活七大项指标。除了基本医疗用房外，还有很多其他辅助用房用于教学、科研及预防保健等。这些建筑用房面积是在七项建筑面积指标之外的。另外，还有单列用房的面积，单列的用房多为一些特殊大型设备用房，这些需要特殊的审核和批准。在前期规划时，需要统筹考虑。

以下以 1000 床医院为例，进行项目的建设面积和规模规划，见表 2-2。

表 2-2　1000 床医院建筑经济指标规划

用房名称	总需求（m²）	需求说明	备注（功能设置）
基本医疗用房	90000	床均面积90m²	——
急诊部	2700	3%的医疗用房建筑面积	急诊急救
门诊部	13500	15%的医疗用房建筑面积	门诊部
住院部	45100	38%的医疗用房建筑面积	病房楼
医技科室	21300	27%的医疗用房建筑面积	医技部、1~4F病房楼
保障系统	7200	8%的医疗用房建筑面积	配合各部分功能
行政管理	3600	4%的医疗用房建筑面积	后勤办公楼
院内生活	3600	4%的医疗用房建筑面积	后勤办公楼
科研用房	2016	副高及以上专业技术人员总数的70%为基数每人32m²	后勤办公楼
教学用房	600	4m²/学生	后勤办公楼
预防保健用房	600	应按编制内每位预防保健工作人员20m²增加建筑面积，按30人考虑	后勤办公楼
单列用房	10250	见表2-3	门诊部、医技部、病房楼、后勤办公楼
传染楼	2250	按50床考虑，床均面积45m²	传染楼
地上总建筑面积	112716	——	——
地下车库面积	32000	含人防面积8940m²	——
地下设备用房面积	3000	——	——
地下总建筑面积	35000	——	——
总建筑面积	147716	——	——
总用地面积	115551	——	——
停车位	1340	地上建筑面积每百平方米1.2~1.5车位	——
地上	570	——	——
地下	770	——	——
非机动车	4467	地上建筑面积每百平方米4个车位	——

按照国家《综合医院建设标准》（建标 110—2008），1000 床医院基础医疗用房面积对应的床均建筑面积指标为 90 ㎡。这项指标多年来并没有更换，目前正在征询意见和修改中。在医疗快速发展的今天，实际使用中会出现面积不足的情况。但是由于其财政和资金来源需要通过发改委，所以公立医院的建设标准必须遵照相关指南标准，满足大众基本医疗需求。由于投资主体不同，私立医院建设标准可以根据使用方需求，由建设单位做相应的调整。

在国外，由于医疗设施需最大限度保护患者隐私，所以住院部采用单人间的设置，这将会导致整体病房单床的规模比中国的大，约为 200 ㎡ / 床。普通公立医院住院部的建设标准，绝大多数房间为三人间，标准层为 1600 ～ 1800 ㎡。民营医院面积增加之后，按照每层 20 ～ 30 个床位的单人间设置。标准层面积在 2400 ～ 3000 ㎡为宜。

住院部的床位面积往往是医院建设标准中产生面积差值的最主要原因。其中，门急诊面积占 18%，医技面积占 27% ～ 30%，保障体系的用房面积约占 8%，行政管理以及辅助生活用房各占 4%。

科研、教学以及预防保健等用房都是在七项基本用房外单独计算的。科研用房一般以副高及以上专业技术人员总数的 70% 为基数，取每人 32 ㎡来进行计算，教学用房按照每一个学生 4 ㎡进行计算，而预防保健类用房按每位工作人员 20 ㎡增加建筑面积。

对于以上七项指标面积的百分比也可以做内部调整。根据医院自身特色专科以及未来发展趋势，如对门诊和住院之间的比例关系，可以按照未来需求做适当的扩大或缩小。例如，随着社康的基层化，医院将更多地承担危急重症的救治任务，住院部的功能会更加重要，在整体面积中所占指标也会相应增加。急诊会发展为急诊中心，目前 3% 的面积占比对于形成一个功能齐备的急诊中心可能不一定充裕。教学科研用房的面积可以适当地分布到整个建筑中，与医疗功能相融合并进行统筹考虑。

5.4 医疗设施地下用房的构成

5.4.1 停车场

地下部分的面积在整个建筑中占的比例较大。以 1000 床综合医院为例，一般按 1 床 1 个停车位的比例来确定地下停车场的建筑面积。在远离市区需要驾车的区域，停车位与床位的比例可能达到 1:1.3 ～ 1:1.5；在市区内公共交通较发达，停车位相对不足的区域，停车位与床位的比例可能为 1:0.5 ～ 1:0.8。

1000 床对应 1000 个停车位，每个车位面积按 35 ～ 40 ㎡计算，则地下停车面积为 3.5 万～ 4 万㎡。加上相应设备、辅助用房面积，地下面积可能会达到 1 个停车位 50 ㎡。1000 床医院通常按 100 ～ 120 ㎡ / 床计算，地面上计容总面积为 10 万～ 12 万㎡，地下面积可达到 4 万～ 5 万㎡，占总建筑面积的 1/4 左右。这也是非常可观的数目。

为了最大限度地利用地下室的空间，应采取自动立体机械停车。患者和家属在语音指导下将车开入轨道，车辆可自行升降到达机械停车库进行停放。全自动的停车系统极大地方便了患者和家属的使用。但是，停车的过程耗费时间相对较长。在采用系统的时候，必须计算高峰期的人流及设置停车装置的数量，以快速地解决停车问题。

立体机械停车虽然可以提供更多的位置，但是从使用上来说，对于驾车技术不熟练或者手脚不方便的使用者具有一定难度，有时还可能因使用不当而造成意外，可能导致汽车被刮伤，或者夹伤人。因而在使用时，一般情况下，员工的停车可设置为机械停车。因为员工早上来停车后，基本上一天都不会挪动车体。而患者进出的频率较高，且对机械停车较陌生。工作人员经过训练以后，可以比较快速方便地进行停车，可以进行风险的控制并减少管理的成本。将员工的停车位设置在整个停车区域较远的地方，在距医疗区较近的区域设置患者停车位，这样将会充分发挥立体机械停车的优势，提高停车效率。在充分发挥医院建筑面积使用效率的同时，可适当结合立体空间的高效使用去考虑医院的停车设置及设备用房的占地面积。

5.4.2 人防设施

地下建筑面积通常包括人防的建筑面积。部分医院作为综合医院承担着整个区域的急救任务，会要求设置战时人防医院等。这类用房的造价成本相对较高，除了地下室均价外，还要加上人防水暖风和人防门。在部分区域建造成本会达到 5500 元 / ㎡。同时，地下室的面积中应考虑太平间、集中的库房、设备用房，其中包括建筑的基本设施：消防水池、生活水池、水泵房、配电房、强弱电机房和紧急柴油发电机房。空调机房是占地面积较大的设备用房，包括冷热交换机房，且部分会采用冰蓄冷池等模式，都会增加地下室的面积和成本。医疗气体、负压吸引和氧气、库房、设备维修、工程档案、工程管理用房、保洁用房等，通常也设置在地下。

5.4.3 物流机房

物流机房一般设置在地下，也有部分设置在架空层。设置在架空层中，管线的路径会相对短一点，到达住院部和门诊比较方便。如果设置在地下，物流需要向下再向上穿越，路径会长一些。这部分的设计需要结合项目的实际条件去考虑。

5.4.4 保洁用房

保洁用房在医院中通常为外包单位使用。这部分用房主要用来暂时存放打扫房间和卫生间的各种清洁设备、临时洁净物品、清洁剂和灭菌剂等，还有供外包保洁人员进行休息及会议的空间。

5.4.5 太平间

太平间通常要结合污物电梯设置，在某些医院的地下室和污物通道，会将几个住院部的污物电梯连通，以方便运输。太平间应与其他用房尽量避开，并且设置在偏僻的角落处，避免和主要人流交叉，也避免临近厨房、餐厅等部位。遗体通常会在太平间短暂停留后，送往相应的机构。大型医疗中心可能会结合法医业务设置解剖室、病理室等房间。普通医院通常需要设置家属接待厅和停尸房，面积不宜设置过大。有些地区特殊或家属较多，一般在地面广场或相对僻静的院落里提供进行瞻仰仪式的空间。

5.4.6 库房

库房等接收物资到达的区域，需要和外面的道路有直接联系，方便卡车倒车，货物装卸。货物接收及运出的区域，通常和其他的停车区和主要用房区域分开，以避免影响整体交通。物品接收通常要设置装卸货平台，平台的高度会高出地面 1m 左右。库房的面积应包括物品接收及登记区域，还有存放医院各种医疗用品、药品、制剂及办公用品的区域。在库房内通常要设置洁物电梯，方便货物到达后运输到各个需要的部位。

5.4.7 洁污通道

洁净和污染物品的运输和货物的管理，需区分不同的区域，以实现洁污分流。污车通常通过污物坡道进入收集区域，通过污染通道与住院部各个垂直污衣被服系统连接，方便接收所有的污物。在某些城市中心、容积率较高的医院当中，由于用地面积狭小，导致地下室无收集区域，或者库房的接收面积过小。此时只能通过大型污物电梯，污车直接进入，并且运输到负一层或负二层的空间。然后在电梯旁直接设置污物暂存区，污车停下后直接接收所有污物后，再乘坐污梯到达地面，减少和避免污车通过坡道进入地下室，受到层高限制等问题。

5.4.8 地下室

地下室首层通常会做到 5.5m，以解决多种问题。考虑到绝大多数的设备用房都有净高 4m 的要求。地下室除去梁高，通常还要有覆土，这就导致在建筑物下方的地下室高度可达到 5.5m。减去通常使用的 8.4 ～ 9m 跨度的梁高 0.8m 后，还剩下 4.7m。同时，再去掉大型空调管 0.4 ～ 0.5m 的高度，还有下部各种管线及消防喷淋、电缆等，总体的管线设备高度可能达到 0.8 ～ 1m。考虑到地下室所有污水重力管的坡度产生的高差，可以满足梁下和设备管井之下的净高 3.6m，可机械停车 2 部。

在规划过程中，要注意避免只统计七项建筑指标的面积，而忽略了其他辅助和单独立项的面积。一些特殊的仪器和设备作为单列项目，也要加入到医院整体的建筑面积当中。其中包括 MRI、CT、PET/CT、DSA、碎石机室、血液透析室、直线加速器、同位素室、后装机及放射性的治疗用房和核素用房、健康体检等，均列为单项。

单项面积包括一个特殊设备完整的操作面积，包括机器检查间及相应的控制室、设备间等，见表 2-3。单元组成一个可自行运营的单体。例如，一个 DSA 的介入治疗机房，其检查治疗间的面积可能为 13m×11m，而其周围包含了操作间、设备间、洁净物品的贮藏间、准备室、工作人员的通过间及污物的清洗收集室，所有这些组成了一个 DSA 工作室的单元。其面积为 310 ㎡。血液透析室是按照每十个床位作为一个数量级来配备的，十个床位的单元指标面积为 400 ㎡。如果前期规划时有 30 个床位，就是 3 个单元，建筑面积就按 1200 ㎡ 进行计算。多个单元合并的时候有一些部分可共享。

表 2-3 单列项目一览表

项目名称	面积指标(㎡)	数量	合计(㎡)	备注
磁共振(MRI)	310	2	620	——
PET-CT	300	1	300	——
CT	260	2	520	——
DSA	310	2	620	——
血液透析室	400	3	1200	10床为一个数量级
体外震波碎石机室	120	1	120	——
洁净病房(4床)	300	1	300	——
高压氧舱(12人)	400	1	400	——
直线加速器	470	1	470	——
同位素室	540	1	540	——
ECT室	600	1	600	——
内照(前装)、钴60、后装机	710	1	710	——
放射性治疗病房	230	1	230	——
矫形支具与假肢制作	120	1	120	——
健康体检	2000	1	2000	——
学术会议	1500	1	1500	(300人学术报告厅、600人会议室)
合计	——	——	10250	

　　对于一个1000床的大型医院来说，这些单项之和最后往往会达到上万平方米，相当于整体面积的10%，也是一个非常可观的数目。因而在前期策划的时候，要对相关的大型仪器设备的数量进行准确测算，以保证整体面积的完整性。

　　综合医院的功能较为齐全，包括急诊、医技、病房、办公科研和后勤辅助，共70多个部门（见表2-4）。我们将健康管理单独立项，因为此部分人群属于健康或亚健康状态，而非患者人群。

　　在医院的总体规划当中，最重要的是将各个部门的建筑面积进行综合之后，计算出整个医院的建筑面积；在确定医院的性质后，需要对相关部门进行筛选，进入属于该专科或综合医院的数据统计范围之内。然后分别测算各个科室的面积，最后将众多医院部门面积进行合理的统计和计算。

　　分区以后将相应的科室分别按顺序排序。在总体面积计算表中，入选的科室分别对应一个单独的科室面积计算表。总表中相应的数据将链接到该区该部门的总建筑面积，然后再进行自动化的链接计算。

5.5 门急诊面积的计算

5.5.1 门诊部

5.5.1.1 门诊部面积的计算步骤（见图2-5）

表2-4　医院功能规划数据库

A	门诊区	B	医技部	C	病房区	D	健康管理	E	后勤支持	F	办公科研
A1	内科	B1	放射影像科	C1	标准病区	D1	体检中心	E1	营养科	F1	行政办公
A2	外科	B2	检验科	C2	手术部	D2	治未病中心	E2	职工餐厅	F2	职能办公
A3	儿科	B3	病理科	C3	重症监护室	D3	预防保健中心	E3	厨房	F3	总务
A4	妇科	B4	输血科	C4	分娩室		**康复医学部**	E4	安保用房	F4	社团
A5	产科	B5	内镜中心	C5	新生儿病区	D5	康复门诊	E5	供养站	F5	档案
A6	疼痛科	B6	功能检查科	C6	儿科病区	D6	康复评定	E6	停车系统	F6	科研
A7	泌尿科	B7	超声医学科	C7	烧伤护理单元	D7	康复治疗	E7	各类库房	F7	科学
A8	眼科	B8	中心供应室	C8	血液科病区	D8	康复病区	E8	医疗垃圾	F8	值班宿舍
A9	耳鼻喉科	B9	药学部	C9	传染病区	D9	精神康复中心	E9	生活垃圾	F9	公寓
A10	口腔科	B10	制剂室	C10	血液净化中心			E10	商业配套		
A11	中医科	B11	核医学科	C11	导管介入中心			E11	洗衣房		
A12	多学科诊疗	B12	放疗科	C12	高压氧室			E12	太平间		
A13	感染疾病科			C13	生殖医学中心			E13	其他		
A14	急诊			C14	急救						

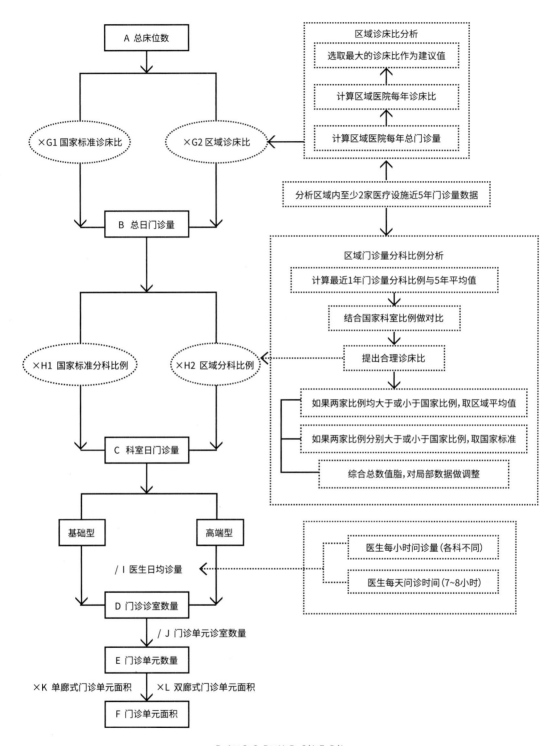

$$B=A×G;C=B×H;D=C/I;E=D/J$$
$$F=E×K(E×L);F=A×G×H/I/J×K(L)$$

图 2-5 门诊面积自动化计算流程图

（1）确定日总门诊量

$$日总门诊量 = 该类型医院的诊床比 \times 总床位数$$

诊床比的取值可以参照以下三种方式。

①诊床比的数值可以取国家标准值，通常诊床比为 3:1。

②使用方可选择数据库中的区域标准值，通常以地方医院建设标准作为诊床比的数值。

③使用方也可在对周边医疗设施进行分析的基础上做调整。选取周边至少 2 家医疗设施过去 5 年的日门诊量，求和后取平均值，与 5 年内最大值做比较，取其中的最大值为未来发展预留空间。

前两种方法可在前期策划时快速统计；第三种方法需采集相关数据，可作为后期做精细化设计时的深化调整。

（2）分配科室日门诊量

$$科室日门诊量 = 各科室门诊占总门诊量的比例 \times 日总门诊量$$

各科室门诊占总门诊量的比例的取值有以下两种方式。

①取国家标准值。

②进行区域日门诊量数据分析，与国家标准比例比较后确定比例数。选取周边至少 2 家医疗设施过去 5 年的日门诊量，计算最近一年门诊量分科的比例和 5 年平均值。结合国家科室比例做对比。

具体方法如下：若 2 家比例均大于或小于国家比例，则取区域平均值；若 2 家比例分别大于或小于国家比例，则取国家标准值。综合总体数值，对局部数据做调整。

以上两种方法，第一种可在前期策划时快速统计；第二种方法需采集相关数据，可作为后期做精细化设计时的深化调整。

（3）确定单个诊室的日门诊量

$$单个诊室的日门诊量 = 医生每日平均工作时间 \times 各科医生每小时问诊数量$$

医生每日平均工作时间一般以小时计，考虑最后一小时打扫卫生和处理日常事务等，可设置为 6～7 个小时。部分医院考虑医生参加学习、科研等可适当减少。

各科医生每小时问诊数量不同，使用者可做如下选择：

①选择国家标准；

②根据市级医疗信息中心公布的医生日门诊量确定；

③根据医院为高端型或基础型服务确定。

（4）确定各科室诊室的数量

$$各科室所需诊室数量 = 各科室总门诊量 / 单个诊室的日门诊量$$

将以上两项的值相除，可得到各个科室所需诊室数量。

（5）确定各门诊科室的面积

各门诊科室总面积 = 各区面积之和 + 交通面积 + 墙体面积

此部分的计算可分为三个步骤。

①将诊室数量分配到各门诊单元中，对每个科室的房间数量和面积进行规划，确保功能的完整性。

②分别确定公共区、治疗区、辅助区、办公区面积。

③统计各区面积之和，计算交通面积、墙体面积，将这三部分的面积相加得到科室总面积。交通面积和墙体面积通常以功能用房面积的百分比呈现，同式 2-2。

$$S_{Dept} = \sum_{k=0}^{n} \binom{n}{k} x^k a^k \times (1 + Y1t + Y2t)$$

式中：

x——房间面积

a——房间个数

k——在该科室功能规划表中该房间的序列位置

Y1t——该科室交通面积系数

Y2t——该科室墙体面积系数

t——该科室在总体功能规划表中的序列位置

科室净面积 = 公共区面积 + 治疗区面积 + 辅助区面积 + 办公区面积

科室交通面积 = 科室净面积 × 科室交通面积系数

科室墙体面积 = 科室净面积 × 科室墙体面积系数

科室总面积 = 科室净面积 + 交通面积 + 墙体面积

（6）计算门诊部总建筑面积

$$S_{OP} = \sum_{k=0}^{n} \binom{n}{k} \quad （式 2-4）$$

式中：

S_{OP}——门诊部总建筑面积，为各个门诊科室面积之和

在设计过程中，某些科室不能够达到 12 个诊室的标准规模。在科室较小的情况下，需要对不同的科室进行整合，更加高效地利用空间。

科室诊室数量达到 10 个形成一个单元，独享辅助和办公空间。

当单个科室诊室数量小于或等于 5 个时，需与功能相近的科室整合，共享辅助和办公空间。

5.5.1.2 门诊数据的选择和确定

（1）日门诊量的计算方法

日门诊量与编制床位数（实际建设规模确定的病床数）之间的比值，是

确定综合医院门诊总量进而确定门诊、医技及其他相关用房面积的重要依据。由于不同地区、不同医院在经济条件、疾病种类、技术水平与医疗设备等方面均有差异，为使诊床比更接近该地、该院的实际情况，有些新建医院可以按当地或本院前 3～5 年门诊量统计的平均数确定诊床比例，并按最新比值确定门诊、医技科室等用房的面积。

①在确定总的床位规模后，通常可以按照国家综合医院建设标准，日门诊量：床位数量 =3:1 的比例进行总门诊量的计算。这个比例通常对一些大型综合医院、门诊量数值较为稳定的单位可以适用。

②对于个别区域，如一线城市、医疗资源比较紧张的地区，日门诊量和床位数的比例会适当提高，有的甚至可以达到 7:1。而这种状况，只是短期的。未来随着社康基层化，门诊量会逐步回归正常。因而使用方在选取相关数值时，应充分考虑此状况，选取合适的数值。一些口碑特别好的区域性医疗中心，或省市区内知名度较高的特殊专科医院，患者非常多，日门诊量与床位数的比例可达到 7:1 的数值。但这种情况会通过基层门诊的分解逐步缓解。

③对于新建的私人医疗机构，早期会有 3～5 年的预热期，最开始的门诊量会较少。除非与大型医疗机构有直接的业务往来，能够保证其充足的门诊量。否则，相应的门诊量与床位比值会在 2:1～1:1 之间。

（2）**门诊诊室分配**

在项目开始时，要统计各个科室的诊室数量。开展这一工作的前提是做好区域医疗数据的收集工作。按照国家对诊室比例的相关标准，结合地区需求，对内科、外科、儿科、妇科、产科、中医科、耳鼻喉科等科室进行测算（见表 2-5、表 2-6）。

（3）**确定单个诊室的日门诊量**

在设计的时候，需要按照合理的标准，提供给每个患者至少 15 分钟的就诊时间，以确保就诊质量。随着高端门诊及未来家庭医生制度的普及，将逐步对单个诊室的接诊时间做限定，优质的就诊服务需要对患者病情和身体状况作全面了解，每次就诊时间保持 30 分钟。

（4）**确定门诊科室的面积**

门诊面积的计算法则是基于门诊单元的合理高效。一般一个门诊单元有 10～12 个诊室，以共享库房、清洗、储存等医疗辅助用房及办公辅助用房，包括医护休息室、卫生间、会议室等。这些房间设置常规值为 1。

单位：人次

表 2-5 A 医院 2011~2015 年科室门诊量比例

科室	2011年	2012年	2013年	2014年	2015年	2015年分科比例	平均就诊量	平均分科比例
内科	207094	208525	188026	185152	230157	21.2%	203790.8	20.2%
外科	121390	70132	34911	114155	135888	12.5%	95295.2	9.4%
妇科	209525	209940	196671	178350	195620	18.0%	198021.2	19.6%
产科	114054	136067	117659	118327	117296	10.8%	120680.6	11.9%
儿科	52904	48087	73739	53280	81043	7.4%	61810.6	6.1%
耳鼻喉科（五官科）	94972	103690	100364	81305	88055	8.1%	93677.2	9.3%
中医科	17736	18789	20378	19643	21208	1.9%	19550.8	1.9%
皮肤科	99592	99142	98995	92290	97441	9.0%	97492	9.7%
口腔科	73042	77257	69583	75205	86322	7.9%	76281.8	7.6%
中医针灸科（康复科）	52360	53237	47581	30096	34647	3.2%	43584.2	4.3%
总计	1042669	1024866	947907	947803	1087677	100.0%	1010184.4	100.0%

单位：人次

表 2-6　B 医院 2011~2015 年科室门诊量比例

科室	2011 年	2012 年	2013 年	2014 年	2015 年	2015年分科比例	平均就诊量	平均分科比例
内科	5888	20723	25800	37578	108623	12.1%	39722.4	5.2%
外科	87665	90418	102910	132630	142346	15.9%	111193.8	14.5%
妇科	116271	200060	184706	174099	168496	18.8%	168726.4	21.9%
产科	41387	74829	68748	76993	71434	8.0%	66678.2	8.7%
儿科	153741	162024	184762	171779	174192	19.5%	169299.6	22.0%
耳鼻喉科 (五官科)	84991	69435	69703	66867	69854	7.8%	72170	9.4%
皮肤科	68124	69344	61356	62070	62868	7.0%	64752.4	8.4%
口腔科	23728	40668	41804	42481	43354	4.8%	38407	5.0%
中医针灸科 (康复科)	——	46379	37682	52230	54373	6.1%	38132.8	4.9%
总计	581795	773880	777471	816727	895540	100.0%	769082.6	100.0%

5.5.1.3 门诊功能规划数据的应用

在数据分析的基础上，结合医院平面设计，将门诊单元的数量推算到各个楼层，做合理分配和调整，确保数据和实际运用及未来运营相适应。门诊功能规划数据表的应用主要体现在以下几个方面。

第一，指导医院的功能部署。对主要房间，如诊室、治疗室、相关的检查室和辅助功能房间及医护用房做清晰的定义，确保设计的时候不缺漏。

第二，对所有门诊数量进行分析，提出合理的比例及分配原则，避免后期反复不断调整。

第三，确认功能单元后，可直接投入建筑的体量规划当中，快速地进行单元模块的楼层分布等规划。将功能规划、经济技术指标和建筑平面设计紧密结合，提高效率。

表 2-7、表 2-8、表 2-9 及图 2-6 为结合 A 医院和 B 医院在 2011 年～2015 年科室门诊量的比例所做的数据分析。两个医院数据采集的方式稍有不同，对于不同科室门诊量统计的方式会导致数据的偏差。科室的归属也稍有不同，因而在数据统计的时候首先需要对数据的类别做梳理，尽量将同一类型科室的数量整理为同一类型，以保证对比数据的有效性。

例如，内科包含多种不同类别，有一些医院在统计的时候会将某些科室单独列出并入其他科室。这时候就需要将不同的类别进行归类，然后将不同医院相应科室做统一梳理，这样得出的数据才能对应。

在 B 医院中，儿内科的统计数据没有归入内科，而 A 医院儿内科的数据归到了内科当中，所以两者内科门诊量相差悬殊。A 医院为 21%，B 医院为 12%，相差 9%。当发现数据有较大差异的时候，可以与国家标准或区域性标准做比较，以得出正确的结论。在与国家的内科标准 17% 做了对比后，我们将两者进行加权，取值 17%。

而在把两个医院的妇科、产科及儿科的门诊数量与国家的标准进行比较后，我们发现两个区妇科的比例明显高于国家标准，这也反映了区域的特性。深圳较多的妇女由于工作压力大等社会原因患病的比例较高，远大于国家标准。

耳鼻喉科的比例为 8%，低于国家标准的 10%。皮肤科和口腔科基本与国家标准持平。因此，可以在内部的标准中适当提高妇科的比例，将一些发病率较低的，如耳鼻喉科和中医科的比例相对降低，以符合整个区域的实际状况。

表2-7　A、B医院科室门诊量比例的比较分析

科室	2015年分科比例A医院	2015年分科比例B医院	国家标准	建议分科比例	备注
内科	21%	12%	17%	17%	内科国家标准为25%,把皮肤科约8%的比例扣除后,为17%
外科	13%	16%	14%	14%	外科国家标准为20%,把皮肤科约6%的比例扣除后,为14%
妇科	18%	19%	12%	18%	片区两大医院总体妇科比例达18%,大于国家平均值
产科	11%	8%	10%	10%	片区平均值和国家标准基本吻合
儿科	7%	19%	12%	14%	考虑:未来二孩和新生儿的增长趋势
耳鼻喉科(五官科)	8%	8%	10%	8%	片区基本低于国家标准,大约为8%
中医科	2%	0%	5%	2%	片区基本低于国家标准,大约为2%
皮肤科	9%	7%	8%	8%	片区平均值约为8%,取8%作为国家平均值进行估算
口腔科	8%	5%	6%	5%	片区平均值约为6%,考虑未来私人口腔诊所的分流,比例降低
中医针灸科(康复科)	3%	6%	6%	4%	取片区平均数值,大约为4%
总计	**100%**	**100%**	**100%**	**100%**	——

表 2-8 诊室数量和门诊单元的统计分析

科室	建议分科比例	日门诊量(国内平均诊床比:4)	医生每天平均诊量(国内平均)	诊室数量(国内平均)	广东地区(诊床比:7.72)	诊室数目	诊室单元数	备注
内科	17%	1020	35	29	1968.6	56	5.0	医生每天按7小时有效工作时间,每小时看5个患者,日诊量为35
外科	14%	840	49	17	1621.2	33	3.0	医生每天按7小时有效工作时间,每小时看7个患者,日诊量为49
妇科	18%	1080	42	26	2084.4	50	5.0	医生每天按7小时有效工作时间,每小时看6个患者,日诊量为42
产科	10%	600	42	14	1158.0	28	3.0	医生每天按7小时有效工作时间,每小时看6个患者,日诊量为42
儿科	14%	840	35	24	1621.2	46	5.0	医生每天按7小时有效工作时间,每小时看5个患者,日诊量为35
耳鼻喉科(五官科)	8%	480	42	11	926.4	22	2.5	医生每天按7小时有效工作时间,每小时看6个患者,日诊量为42
中医科	2%	120	35	3	231.6	7	1.0	医生每天按7小时有效工作时间,每小时看5个患者,日诊量为35
皮肤科	8%	480	42	11	926.4	22	2.0	医生每天按7小时有效工作时间,每小时看6个患者,日诊量为42
口腔科	5%	300	21	14	579.0	28	3.0	医生每天按7小时有效工作时间,每小时看3个患者,日诊量为21
中医针灸科(康复科)	4%	240	35	7	463.2	13	1.5	医生每天按7小时有效工作时间,每小时看5个患者,日诊量为35
总计	100%	6000	—	156	11580.0	305	31.0	—

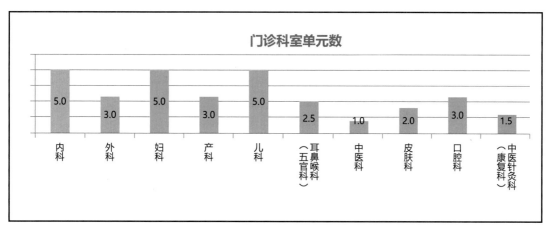

分布到各层门诊平面

| 1F | 2F | 3F | 4F | 5F |

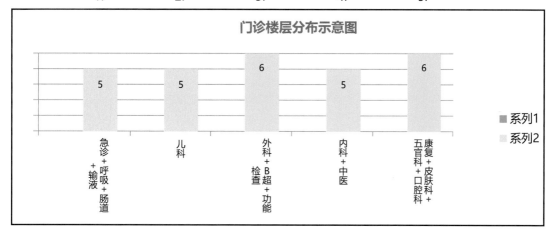

图 2-6 门诊单元数据运用

表 2-9　门诊单元功能房间规划表

公共区	单位面积（m²）	个数	面积总计（m²）
登记	5	1	5
排队	1	2	2
凹室,打印	1	1	1
等候	1.5	54	81
轮椅等候	2.5	1	2.5
			91.5
医师诊查	单位面积（m²）	个数	面积总计（m²）
诊室	13	9	117
特需诊室	20	1	20
临床治疗区	单位面积（m²）	个数	面积总计（m²）
治疗室,通用	25	1	25
治疗室,膀胱	25	1	25
实验室	8	1	8
病患卫生间	5.5	1	5.5
取样卫生间	5.5	1	5.5
			206
临床治疗辅助	单位面积（m²）	个数	面积总计（m²）
储物间,急救车/轮椅	10	0	0
配药间	10	0	0
洁具储存	10	1	10
污物清洗存放	5	1	5
医生护士设施用房(包括更衣室)(男)	13	1	13
医生护士设施用房(包括更衣室)(女)	13	1	13
患者卫生间	5.5	1	5.5
医护人员卫生间	5.5	1	5.5
			52
员工办公区	单位面积（m²）	个数	面积总计（m²）
护士长办公室	13	1	13
医生办公室	13	1	13
工作间,打字复印	4	0	0
电话预约工作区	5.5	0	0
通用会议室	20	1	20
			46
部门净面积(㎡)	部门水平交通(㎡)	墙体和结构(㎡)	部门总面积(㎡)
395.5	118.65	43.505	557.655

5.5.2 急诊急救

急诊急救自身就是一个"小"医院，可形成一个完整体系，在大型医疗中心中可单独设置为急救中心。其中分为急诊区、急救区、留观区、EICU及病房单元区，还有前端接诊验伤分类区、后端公共医疗辅助区、办公管理及员工休息辅助区。

5.5.2.1 急诊区

（1）急诊包括诊室和治疗室。其中诊室的数量是关键，决定了科室的规模。其他房间为辅助治疗，通常为1间。在每个急诊单元中需设置1个隔离治疗室及其治疗缓冲空间、病患卫生间。同时，配备1个特需妇产治疗及妇产病患卫生间，还有清创室和洗胃室。其中，关键房间、急诊室的数量与医院规模相关，计算过程如下：

$$急诊诊室数 = 日急诊量 / 急诊室日均就诊量$$
$$日急诊量 = 总床位数 \times 诊床比 \times 急诊量 / 日门诊量$$
$$急诊诊室数 = 总床位数 \times 诊床比 \times 急诊量 / 日门诊量 / 急诊室日均就诊量$$

（2）急诊治疗相应的检查区包括心电图检查、超声检查、DR检查和CT检查。在门诊量少于1000时，DR和CT等使用率较低。此时，应考虑将急诊和放射科结合设置。在设置DR和CT数量时，采取如下计算方法，可以避免机器设备的重复购置和浪费。

$$急诊设备数 = 日急诊量 /1000 \times 千门诊设备数$$
$$日急诊量 = 总床位数 \times 诊床比 \times 急诊量 / 日门诊量$$
$$急诊设备数 = 总床位数 \times 诊床比 \times 急诊量 / 日门诊量 /1000 \times 千门诊设备数$$

日急诊量通常为日门诊量的10%左右，如规模为1000床的医院，日门诊量达到3000，急诊量只有300，DR千门诊设备数为0.26，急诊所需X光机的数目为0.3 × 0.26=0.078，如此计算，则在急诊部门不配置X光机，共用放射科的机器，提高设备的使用率。

（3）急诊的辅助部分包括护士工作站、贮藏区、药房和实验室。此部分通常以12个治疗室为一个单元，配置如下。

①每3个治疗室设置1名护士，每20个治疗室设置1个中心监护站。

②每12个治疗室为1个治疗单元，每个单元设置1个文员工作区、医嘱工作区和洗手区。

③储藏区设置1个急救车、移动影像设施、影像阅片、洁物存储、通信中心。

④药房和实验室根据部门的面积来确定，可在急诊内单独设置，也可和中心实验室结合设置。

5.5.2.2 急救区

（1）急救包括抢救、手术、重创和石膏室。其中，抢救床位数是整个计算的关键。其他房间按每个部门设置 1 个。急诊手术室至少设置 1 间，面积为 40 ㎡，大型急救中心可设置杂交手术室。每个石膏室配置 1 个石膏存储房间。

（2）根据医院急诊部的数据，首先确定日急诊量，然后在所有急诊急救的病人中，确定急救和普通急诊病人的比例，以获得急救病人的数量。最后在急救病人里确定抢救病人的比例。抢救室至少要有 6 张多功能抢救床作为 1 个护理单元，设置 1 个病患卫生间。

$$日急诊量 = 总床位数 \times 诊床比 \times 急诊量 / 日门诊量$$
$$急救床位数 = 日急诊量 \times 急救 / 急诊量 \times 抢救 / 急救量$$
$$抢救床位数 = 急救床位数 \times 抢救 / 急救量$$
$$抢救床位数 = 总床位数 \times 诊床比 \times 急诊量 / 日门诊量 \times$$
$$（急救 / 急诊量）\times（抢救 / 急救量）$$

以 1000 床综合医院为例，根据历史数据，急诊量占整个日门诊量的 10%，约 20% 的病人经过预检转入急救，80% 进入普通急诊。而在 20% 的急救病人中，有 20% 是进入抢救的。抢救床位约占总床位的 1.2%。计算过程如下：

$$诊床比 =1{:}3，急诊量 / 日门诊量 =0.1，急救 / 急诊 =0.2，抢救 / 急救 =0.2$$
$$抢救床位数 = 1000 \times 3 \times 0.1 \times 0.2 \times 0.2 =12 床$$

5.5.3 留观区

（1）留观区包括通用的治疗室和特需治疗室。通常为 1 个留观单元设置 1 个特需治疗室，另外还需设置病患卫生间，可以每 8 个房间设置 1 个。也有部分机构可在留观区、护理单元设置隔离治疗室、隔离治疗缓冲区和病患卫生间。

（2）留观区需要设置护士站，每 3 个床位设置 1 名护士。留观区按照每 12 个床位设置 1 个工作区，配置水池、配药和洁物、急救车和担架。

$$留观床位数 = 日急诊量 \times 留观 / 急诊量$$
$$日急诊量 = 总床位数 \times 诊床比 \times 急诊量 / 日门诊量$$
$$留观床位数 = 总床位数 \times 诊床比 \times 急诊量 / 日门诊量 \times 留观 / 急诊量$$

5.5.4 急诊重症监护室

急诊重症监护室（Emergency Intensive Care Unit，EICU）一般为开放的治疗空间。ICU 最小的单元为 6 个床位；少于 6 个床位的，可与其他单元结合设置公共辅助的部分以节约面积。设置相关的护理站、中心监控区域、文员工作区和医嘱工作区、洗手池，配置急救车、配药、配餐和洁物贮存。单元内设置 1 个公用卫生间，作为患者污物处理空间。

$$EICU\,床位数 = 急救床位数 \times EICU/急救量$$
$$日急诊量 = 总床位数 \times 诊床比 \times 急诊量/日门诊量$$
$$急救床位数 = 日急诊量 \times 急救/总急诊量$$
$$EICU\,床位数 = 总床位数 \times 诊床比 \times 急诊量/日门诊量 \times$$
$$留观/急诊量 \times EICU/急救量$$

5.6 住院部面积的计算

5.6.1 住院部面积的统计基础

病房的数量和比例按照相应国家标准及医院对自身重点学科发展的界定，对总的病房床位数进行比例划分；然后再按照每个病房单元的数量进行分配，确定不同病房单元的数量；在长期的实践中，病房单元形成了一些相对固定的模式：高端病房基本按照单人间的模式布置；基础医疗以两人间、三人间为主，部分采用单人间的布置模式，分别对应计算出病房标准单元的面积。由此可基本确定标准病房单元的面积和数量，最后统计出病房区的面积（见图 2-7）。

高端、中端以及基础型病房的模式，除了单个病房设置的床位数及装修不同外，其他辅助设施的模式基本相同。其中包含为病人服务的治疗辅助区域、办公以及后勤支持区域、患者家属的等候以及休息区域。这些面积是基本固定的，如果是高端单人间病房，由于其房间数量较多，可能会形成双廊式或者三廊式的布局模式。而基础型病房，通常采用三人间或双人间的布局模式，主要病房都布置在南侧，因而采取病人区单廊、医护区内廊的模式。

5.6.2 住院部面积确定的步骤

5.6.2.1 确定非病房床位数

非病房床位数包括 ICU、EICU、NICU、CCU、NSICU 等的床位数。

（1）首先需确定医院采取综合 ICU 模式还是分散型 ICU 模式。如果是综合 ICU，则所有病房共享 1 个 ICU 平台，不单独在各自科室内部设置 ICU。

（2）如果是大规模医院，具有强势学科优势，考虑设置 CCU、NSICU 等专科 ICU，对每种 ICU 单独进行测算。

$$EICU\,急诊重症监护床位数 = 1\% \times 总床位数$$
$$NICU\,新生儿重症监护科床位数 = 产科床位数 \times 新生儿重症的比例$$
$$产科床位数 = 总床位数 \times 产科占比$$

ICU 床位数的取值可根据使用方的具体情况做调整，以下为建议比例（综合医院）：

床位数 0 ~ 499   3%~ 5%

床位数 500 ~ 1000   5%~ 6%

床位数 > 1000   6%~ 9%

心脏病 CCU、神经脑科 NSICU 医院   10%~ 15%

5.6.2.2 确定总病房床位数

$$病房床位数量 = 总床位数 - 其他非病床位数$$

$$病房床位数量 = 总床位数 - （EICU+ICU +NICU+CCU）床位数$$

5.6.2.3 确定病房单元床位数

病房单元可按照高端、基础的标准，确定标准病区的床位数，单人间、双人间、三人间的数量，然后确定标准层的床位数。

（1）高端型

病区以单人间为主，选择每单元 25 ~ 30 床。

通常情况下，病房单元呈双廊式，南北侧都需要布置病房。

病房交通面积系数增大，病房面积也较普通病房单元大。

（2）基础型

病区以双人间或三人间为主，选择每单元 40 ~ 50 床。部分可设置为 55 床，但不建议病房床位数超过 55。

通常情况下，病房单元呈单廊式，主要在南侧布置病房。

病房交通面积系数较小，病房面积也较普通病房单元小。

5.6.2.4 确定病房单元数

$$病房单元数 = 病房床位数 / 病房单元床位数$$

（1）病房单元床位数的设计需考虑病区总床位数和病床单人间、双人间和三人间的配比，尽量将病房单元数量设置为整数。

（2）各病区床位数需根据总病房数按比例计算后分配。

（3）部分科室病房不足一个单元的可以将相同类别的，如同属内科、外科的病房单元或同属一类的科室进行组合，形成一个单元。

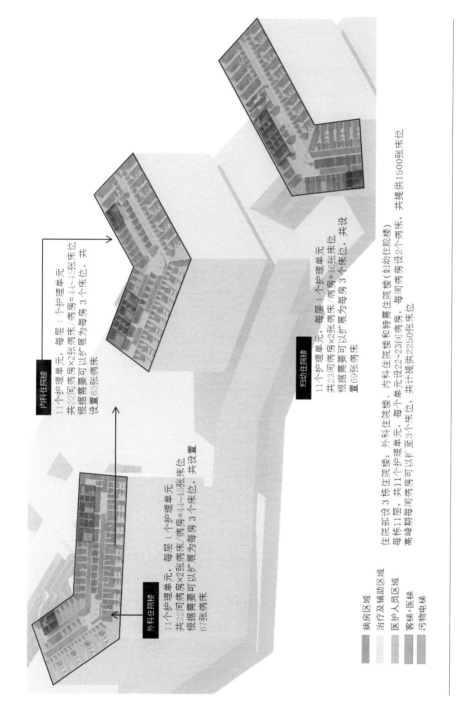

内科住院楼

11个护理单元，每层1个护理单元，
共22间病房×2张病床/病房＝44~45张床位，
根据需要可以扩展为每房3个床位，共
设置63张病床

外科住院楼

11个护理单元，每层1个护理单元，
共22间病房×2张病床/病房＝44~45张床位，
根据需要可以扩展为每房3个床位，共设置
67张病床

妇幼住院楼

11个护理单元，每层1个护理单元，
共23间病房×2张病床/病房＝46张床位，
根据需要可以扩展为每房3个床位，共设
置69张病床

住院部设3栋住院楼：外科住院楼、内科住院楼和特需住院楼（妇幼住院楼）
每栋11层，共11个护理单元，每个单元22~23间病房，每间病房设2个病床，共提供1500张床位
高峰期每间病房可以扩至3个床位，共计提供2250张床位

病房区域

治疗及辅助区域

医护人员区域

客梯+医梯

污物电梯

图2-7 住院部标准层分析1

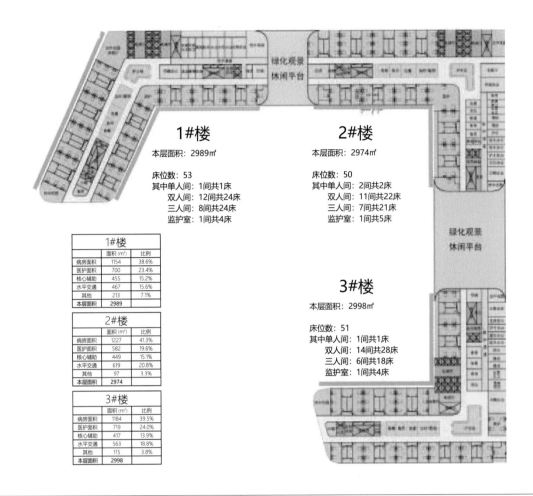

1#楼

本层面积：2989㎡

床位数：53
其中单人间：1间共1床
　　双人间：12间共24床
　　三人间：8间共24床
　　监护室：1间共4床

2#楼

本层面积：2974㎡

床位数：50
其中单人间：2间共2床
　　双人间：11间共22床
　　三人间：7间共21床
　　监护室：1间共5床

3#楼

本层面积：2998㎡

床位数：51
其中单人间：1间共1床
　　双人间：14间共28床
　　三人间：6间共18床
　　监护室：1间共4床

1#楼		
	面积 (m²)	比例
病房面积	1154	38.6%
医护面积	700	23.4%
核心辅助	455	15.2%
水平交通	467	15.6%
其他	213	7.1%
本层面积	2989	

2#楼		
	面积 (m²)	比例
病房面积	1227	41.3%
医护面积	582	19.6%
核心辅助	449	15.1%
水平交通	619	20.8%
其他	97	3.3%
本层面积	2974	

3#楼		
	面积 (m²)	比例
病房面积	1184	39.5%
医护面积	719	24.0%
核心辅助	417	13.9%
水平交通	563	18.8%
其他	115	3.8%
本层面积	2998	

图 2-7 住院部标准层分析 2

5.6.2.5 确定病房单元面积

病房单元面积 = 病房各功能区净面积之和 + 交通面积 + 墙体面积

（1）将病房数量分配到各个病房单元中，对每个病房单元的房间数量和面积进行规划，确保功能的完整性。

（2）分别确定公共区、病房区、辅助区、办公区面积。

（3）统计各区面积之和，计算交通面积、墙体面积，将三部分面积相加得到科室总面积。交通面积和墙体面积通常以功能用房面积的百分比呈现。计算公式同式 2-2。

5.6.2.6 计算病房区总建筑面积

病房区面积 = 标准病区面积 × 病房单元数量

$$S_{IP} = \sum_{k=0}^{n} \binom{n}{k} \quad (\text{式 2-5})$$

式中：

S_{IP}——病房区的总建筑面积，为各个病房单元面积之和

在设计过程中，有些病区不能达到一个病区病房数的标准规模。在科室较小的情况下，需要对不同的科室进行整合，更加高效地利用空间。

（1）当单个病区病房数量超过标准病区时，除了单独形成一个单元，还独享辅助和办公空间。剩余的病房需与其他科室病房组合，形成病区，但医护人员可共享办公空间。

（2）当单个病区病房数量小于标准病区的 50% 时，需与功能相近的科室组合，共享辅助和办公空间。

在计算病房区的建筑面积时，还需要考虑国内外的不同国情。

（1）在我国传统设计中，病房单元的面积一般为 1500～1800 ㎡，容纳约 50 个床位，而家属的陪护往往是在过道里。虽然我们的医院号称拥有大量床位，但实际上医院总建筑面积床均指标只有 70～100 ㎡。在国外，床均面积基本可达到 200 ㎡。床均面积和住院舒适度、护理等级、病人和医护人员满意度等直接相关。

（2）在西方发达国家，一个普通的护理单元中几乎所有的病房都是单人间，一般 1 个病区设置 16～18 个房间，也只有 16 个床位。在国内，每个房间里 3 个床位，即 1 个病区 48～50 个床位。

产科、妇科等有大量家属陪护，以及呼吸、肺病等感染病，癌症、白血病等容易感染的病人，应尽量提供单人间。这将是未来医疗发展的趋势，也是我国医疗服务品质不断提升的要求。

按照这样的标准，国内病房标准层面积可以适当加大，结合新的建筑法规，每个住院标准单元可以达到 3000 ㎡。病房内的卫生间也可以做到明卫，且有自然通风。提供单独的晾衣阳台等服务设施。病人家属和医护人员也可以拥有休息等候的绿化平台和交流空间，让整个医院病房的设计更加人性化。

在场地面积条件允许的情况下，有些医院将两个护理单元结合设置为双病区，单个病房楼层容纳近 100 个病人，从而节省人力，方便患者换床。

在欧美等发达国家，通常两个病区联合起来形成双病区，设有 32～36 个床位，以便更高效地管理运营。同时，每个病区采取"中心护士站"和"卫星护士站"相结合的方式，提供更周到细致的服务。在最新的医院设计中，"分散护理站"已经与每个病房的设计相结合，让护士可以更近距离地监护和服务患者，及时发现和解决问题，减少医疗失误，提高患者的满意度（见图 2-8）。

国外单个病区的标准层面积通常都高于我国，住院部的整体环境相对比较舒适，护理较周全。我们在这方面还需要一段时间的努力，才能赶上发达国家的水平。

图 2-8 病房层分析

5.6.3 住院病房单元面积的计算

病房单元有标准的布置，面积也有相应设定，关键还是确定房间的数量或根据人员数量统计确定房间面积的大小（见图 2-9）。

5.6.3.1 病房区

在住院部面积的计算中，最重要的是对病房等特殊房间数量的确定。高端病房通常设置 20 ～ 30 个床位，而在基础性公立设施中，病区通常设置45 ～ 50 个床位，以便更高效地进行人员管理（见图 2-10）。

在计算病房单元时，除了普通病房的数量，还包括至少 1 间单人间、隔离病房或负压病房，并配有缓冲间及卫生间。另外，每层必须设置 1 个残疾人卫生间（见表 2-10）。

5.6.3.2 公用辅助区

综合病房护理的部分，如治疗、处置、配药、备餐、库房、仪器、污物暂存、清洗等功能房间通常各设 1 间，单个房间面积一般为固定值。

5.6.3.3 医护办公区

在公用部分中，主任、护士长办公室等房间的数量通常为 1 个。面积按照国家相关规定设置。

值班室一般分男女两类，医生和护士一般也会分开，面积通常以放 4 个床位为宜。

更衣室一般也设置为男女各 1 间，面积大小按照值班的人数进行统计。一般医生更衣室放置单个更衣柜，护士更衣室则以每一组柜子供 2 人使用进行设计。

员工卫生间一般单独设置，男女各 1 间。

5.6.3.4 公共等候区

公共空间中的等候空间按照每个病房 2 个等候家属进行设计。

另外，部分设施中需考虑人性化设计，可以为家属和患者提供活动交流的空间。此空间一般结合楼梯间设计，可作为避难间，面积不小于 25 ㎡。

谈话间一般设置在靠近护士站的部位，数量为 1 间。

以上房间的面积，除了更衣间的面积一般根据护理单元的工作人数确定，等候空间的面积根据等候人数（等候人数通过确定每个床位探视家属的数量来确定）来确定外，其他房间都按标准设置为固定值。

病区的计算法则一般为功能房间 + 辅助用房 + 办公空间 + 公众休息等候空间。算出所有的功能房间面积后，再计算科室之内的交通面积及墙体面积。交通面积和墙体面积的比例通常按照该类部门常规的经验数值进行取值。交通面积系数一般较大，可能会达到 35% ～ 40%，墙体面积系数一般为 10% ～ 11%。

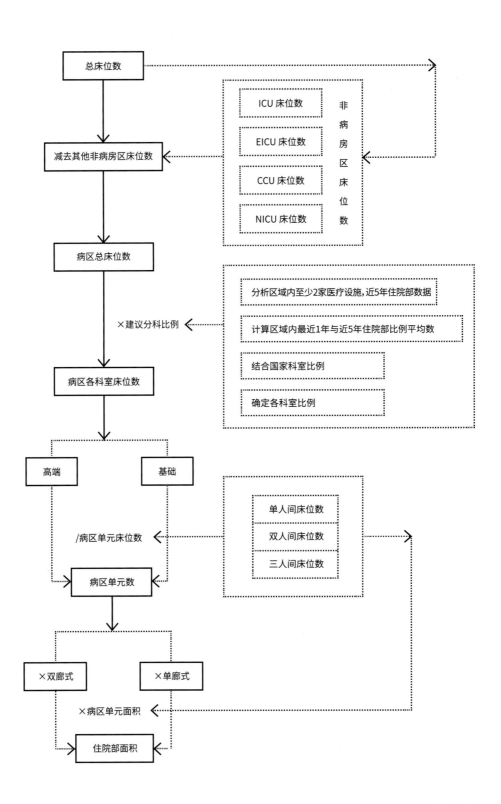

图 2-9 住院部病房区面积的自动化计算流程图

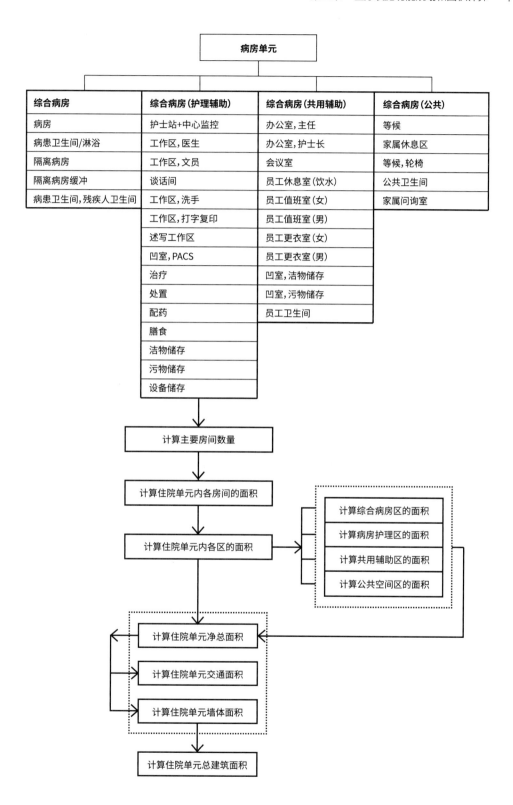

图 2-10 病房功能规划和面积自动化计算流程图

表 2-10 病房数量和病房单元的统计分析

综合病房	计算规则	单位面积 (m²)	个数	面积总计 (m²)
病房	100%私人间间	25	29	725
病患卫生间/淋浴	1/单人产房	4	1	4
隔离病房	1/ 护理单元	36	1	36
隔离病房缓冲	1/隔离病房	7	1	7
病患卫生间,残疾人卫生间	1/隔离病房	6	1	6
				778

综合病房护理辅助	计算规则	单位面积 (m²)	个数	面积总计 (m²)
护士站,工作区	1个注册护士站/2个床位—文员工作站	4	8	32
工作区,医生	1/ 护理单元	48	1	48
工作区,文员	1/ 护理单元	6	1	6
护士站,中心监控	1/ 护理单元	1	1	1
谈话间	1/ 护理单元	13	1	13
工作区,洗手	1/ 护理单元	1	1	1
工作区,打字复印	1/ 部门	5	1	5
述写工作区	1/ 病床	3	10	30
凹室,PACS	1/ 部门	5	1	5
治疗	1/ 部门	16	1	16
处置	1/ 部门	10	1	10
配药	1/ 部门	16	1	16
膳食	1/ 部门	12	1	12
洁物存储	1/ 部门	12	1	12
污物存储	1/ 部门	10	1	10
设备存储	1/ 部门	15	1	15
凹室,影像设备	1/ 部门	3	1	3
凹室,急救车	1/ 部门	10	1	10
凹室,担架	1/ 部门	3	1	3
凹室,轮椅	1/ 病房	1	1	1
病患卫生间	1/ 部门	6	1	6
后勤清洁	1/ 部门	5	1	5
				260

公共	计算规则	单位面积 (m²)	个数	面积总计 (m²)
等候	1/病房—轮椅等候	2	30	45
家属休息区	1/病房	2	30	45
等候,轮椅	总等候的5%	3	1	3
公共卫生间	1/ 护理单元	6	1	6
家属问候室	1/2个护理单元	10	1	10
				109

表 2-10（续表）

共用辅助	计算规则	单位面积 (m²)	个数	面积总计 (m²)
办公室, 主任	1/ 全职员工	13	1	13
办公室, 护士长	1/2个全职员工	13	1	13
凹室, 饮水	1/2个护理单元	2	1	2
会议室	1/部门	48	1	48
员工休息室	0.3m²/每个员工+5m²设施	14	1	14
员工值班室（女）	1/2个护理单元	15	2	30
员工值班室（男）	1/2个护理单元	15	2	30
员工更衣室（女）	1/全职员工×4(4班,7天,24小时)	1	20	20
员工更衣室（男）	1/2×全职员工×4(4班,7天,24小时)	1	20	20
凹室, 洁物存储	1/ 部门	2	1	2
凹室, 污物存储	1/ 部门	2	1	2
员工卫生间	2/ 部门	7	2	13
				207

部门净面积(m²)		部门水平交通(m²)		墙体和结构(m²)		部门总面积(m²)	
1354	—	397	30%DNSF	145	11%DNSF	1896	—

5.6.4 住院部床位比例的分析

（1）通过对历史数据的分析，特别是近两年数据的研究，了解各科平均住院天数、床位数和各科室床位数在整个医院床位数中的比例。各个区域的病种和发展趋势都不同，需要在总体比较的基础上，确认适合医院未来发展的规划。

（2）总结归纳历史数据的总体趋势和各科室床位数变化的趋势，对未来做出推断。

（3）数据的缺少会导致信息的不完整和推论的不准确。此时需进一步收集论证。如果出现个别年份，特别是过往年份数据不全的情况，最好选用近年完整数据作为计算基础。

（4）研究区域内医院的分科比例和国家标准之间的差别，使分析结果和结论更具有全面性和可参考性。

首先，需要对数据进行对等处理，使比较对象包含的内容一致。例如，国家标准中仅对内科和外科整体的比例作了限定，而医院统计的数据分别包含了内科和外科多个科室的数据，因而需要将数据进行整理后计算出内科与外科之和，以便与国家标准作对等比较。

另外，有些科室数据中包含了其他科室的数据，导致这类科室缺项的同时，另外一些科室的数据偏高。这时，需要对数据进行剥离，使每个科室对应的内容一致。

在比较国家标准和地区数据时，常常会出现各种状况，具体需根据以下规则对数据结果进行判断。

①两家比例均大于或小于国家比例，则取区域平均值。

②两家比例分别大于或小于国家比例，则取国家标准。

综合总体数值，对局部数据作调整。

以上两种方法，第一种可作为前期策划时的快速统计，第二种方法需采集相关数据，可作为后期做精细化设计时的深化调整。见表 2-11、表 2-12、表 2-13。

表 2-11 A 医院 2011~2015 住院病区科室床位比例表

住院部科室	2011年	2012年	2013年	2014年	2015年	平均住院天数	床位数	2015年各科室床位数比例
心血管内科	521	1153	1286	1508	1378	7.16	192	5%
神经内科	—	343	859	872	922	12.4	74	3%
消化内科	309	681	790	845	921	11.5	80	3%
内分泌科	—	—	—	—	682	7.4	92	3%
呼吸内科	521	1140	1389	1508	1378	5.5	251	5%
肾病风湿科	475	809	393	406	481	9.7	50	2%
甲乳心胸外科	—	—	—	769	959	9	107	4%
胃肠肝胆外科	2579	2324	2160	1514	1464	10	146	5%
神经外科	1161	964	644	690	687	33	21	3%
创伤外科	1400	1418	1467	1356	1291	12.7	102	5%
脊柱外科	1111	1160	720	726	692	12.7	54	3%
烧伤整形科	—	429	954	771	696	16.4	42	3%
泌尿外科	1910	1842	1837	1725	1557	14.5	107	6%
妇科	3198	3191	3177	3459	3324	8.7	382	12%
产科	4258	5309	4710	4980	4702	6.8	691	16%
儿科	4314	3889	4229	4304	5170	6.4	808	19%
眼耳鼻喉科	244	611	829	845	764	5	153	3%
总计	22001	25263	25444	26278	27068	—	—	100%

表 2-12　B 医院 2011~2015 住院病区科室床位比例表

住院部科室	2011年	2012年	2013年	2014年	2015年	平均住院天数	床位数	2015年各科室床位数比例
心血管内科	0	0	1150	1826	1910	7.16	267	5%
神经内科	0	0	0	1049	1126	12.4	91	3%
消化内科	0	0	592	1691	1785	11.5	155	5%
内分泌科	0	0	0	601	696	7.4	94	2%
呼吸内科	0	2215	1780	1667	1701	5.5	309	5%
肾内科	—	—	—	397	617	9.7	64	2%
胸外科	—	—	—	276	294	9	33	1%
普外科	2329	2089	2002	1964	2027	10	203	6%
神经外科	631	586	557	430	443	33	13	1%
骨外科	1154	1038	987	1127	1223	12.7	96	3%
烧伤整形科	0	0	0	101	319	12.7	25	1%
泌尿外科	—	1083	1459	1894	2264	16.4	138	6%
妇科	4071	4115	4356	6231	6220	14.5	429	17%
产科	7519	9022	7854	9888	8574	8.7	986	22%
儿科	4880	4375	5080	4862	4560	6.8	671	12%
眼耳鼻喉科	0	0	0	141	555	6.4	87	2%
新生儿科	2299	2484	2227	2534	2445	5	489	7%
综合内科	4445	2384	2295	0	0	—	—	0
总计	27328	29391	30339	36679	36759	—	—	100%

表 2-13 A、B 医院住院病区各科室床位比例分析表

住院部科室	A 医院各科室床位数比例	B 医院各科室床位数比例	国家标准	建议科室床位数比例	建议各科室床位数	建议各科室病区数量
心血管内科	5%	5%	—	—	—	—
神经内科	3%	3%	—	—	—	—
消化内科	3%	5%	—	—	—	—
内分泌科	3%	2%	—	—	—	—
呼吸内科	5%	5%	—	—	—	—
肾内科	2%	2%	—	—	—	—
小计	21%	22%	30%	21%	315	7
胸外科	4%	1%	—	—	—	—
普外科	5%	6%	—	—	—	—
神经外科	3%	1%	—	—	—	—
创伤外科	5%	0	—	—	—	—
脊柱外科	3%	3%	—	—	—	—
烧伤整形科	3%	1%	—	—	—	—
泌尿外科	6%	6%	—	—	—	—
小计	29%	18%	25%	22%	330	7
妇科	12%	17%	8%	15%	225	5
产科	16%	22%	6%	20%	300	6
儿科	19%	19%	6%	20%	300	6
眼耳鼻喉科	3%	2%	12%	2%	30	1
中医	—	—	6%	0	0	0
其他	—	—	7%	0	0	0
总计	100%	100%	100%	100%	1500	32

本部分将以产科为例，详细阐述住院部床位数的计算方案和步骤（见表2-14）。

产科主要分为病房区、待产区及分娩区。各区面积的计算主要由各区关键房间数决定。关键房间数包括病房区的数量、待产床位和分娩室。其他辅助服务部分为必需设施，按标准单元设置。

5.6.4.1 病房区

（1）综合产房应至少包含 1 间隔离病房。隔离病房包括缓冲间及病患卫生间。

（2）护士站的工作区，根据每 2 个床位 1 个注册护士的标准来配置。

（3）工作区包括文员、中心监控、洗手、打字复印及述写工作区。

（4）每个护理单元设置 1 个述写工作区。

（5）洁物、污物、设备存储、影像设备、配药及膳食、担架、轮椅、病患卫生间及后勤清洁，为每个部门设置 1 个。

以上辅助房间是按照 1 个标准单元设置的，每 35 个床位为 1 个标准护理单元，当不足 35 个病床时，可根据需要结合其他功能用房合并设置，更加紧密地利用空间。

5.6.4.2 待产区

待产区的床位数量根据产科与医院总床位数之间的关系确定。首先，得出产科的总床位数；然后乘以 365 天和房间周转率，得出 1 年实际可提供的产科住院总天数；计算得出每年的产科接待人数，除以产科平均住院天数，得出每年的待产数量。将年待产数量除以 365 天，得出日待产数量，也就是待产房间的数量。待产房间的数量与产科病房的数量对应，约为 25% 的产房数量。

$$产科年接待人数 = 总床位数 \times 产科床位比例 \times 365 \times 房间周转率$$
$$年待产数量 = 总床位数 \times 产科床位比例 \times 365 \times 房间周转率 / 产科平均住院天数$$
$$待产床位数 = 总床位数 \times 产科床位比例 \times 房间周转率 / 产科平均住院天数$$

每 2 个待产人员共用 1 个病房卫生间，每个待产间设置 1 名护士。每个护士站设置 1 个洗手区，当超过 4 个房间时，观察待产设置影像、洁物和污物储存、设备储存等。当产科病房和待产区在同一楼层时，可以结合产房护理单元一并设置。

5.6.4.3 分娩区

分娩室的数量为待产室数量的 1/4 左右，通过计算以上数据，所需的必备护士护理区、贮藏影像设备、急救设备等的空间面积设置，都是按照 1 个护理单元来规划。

$$分娩室 = 总床位数 \times 产科床位比例 / 产科的平均住院天数 /$$
$$单个分娩室日分娩数量$$

分娩区属于手术净化区域，必须为每个分娩室设置 1 个刷手，另外，每个分娩区配置 1.5 个病患恢复区域。生产区需设置护士站、麻醉工作区、洗手、急救车、设备存储、洁物和保洁室。

5.6.4.4 共用辅助区

共用辅助区域包括通用及合用办公室、公共卫生间、电话、饮水区域，以及每个部门会议室和员工休息区域。休息区域最小为 1 个单人房间面积；当与其他部门共用时，可按照每个员工单位使用面积设置。员工的更衣室分男女，每个男女职工分别设置为 0.25㎡。缓冲区、洁物存储和污物存储的空间、员工卫生间按每部门 2 个设置。

表 2-14　产科功能房间规划表

部门名称	分娩待产	单位个数					38
七项	住院	部门净面积(m³)					2187
部门水平交通	30.0%	单位净面积=部门面积/单位个数					57
部门墙体+结构	11.0%	方案设计部门净面积					
功能房间		规划面积			实际面积		
待产		单位面积 (m³)	个数	面积总计 (m³)	单位面积 (m³)	个数	面积总计 (m³)
观察待产		14.5	38	551			554.6
病患卫生间		5.5	19	104.5			105.2
护士站,工作区		4.0	10	40			38.3
工作区,洗手		1.0	1	1			1
储存,急救车		1.0	1	1			1
储存,影像设备		2.5	1	2.5			2.5
配药		1.0	1	1			1
储存,洁物		1.0	1	1			1
储存,污物		1.0	1	1			1
				703			705.6

表 2-14（续表）

功能房间	规划面积			实际面积		
生产手术	单位面积 (m²)	个数	面积总计 (m²)	单位面积 (m²)	个数	面积总计 (m²)
分娩室	40.0	8	320			306
刷手	2.0	8	16			15.3
设备用房	10.0	1	10			10
病患恢复	8.0	11	88			91.8
病患卫生间	5.5	1	5.5			5.5
工作区,洗手	1.0	1	1			1
储存,急救车	1.0	2	2			2
储存,设备	2.0	1	2			2
护士站,观察	4.0	1	4			4
工作区,麻醉	15.0	1	15			15
存储,设备	15.0	1	15			15
存储,洁物供给	15.0	1	15			15
后勤保洁	5.0	1	5			5
			498.5			487.6
功能房间	规划面积			实际面积		
共用辅助	单位面积 (m²)	个数	面积总计 (m²)	单位面积 (m²)	个数	面积总计 (m²)
办公室,通用	10.0	1	10			10
办公室,合用	11.0	1	11			11
公共卫生间	5.5	1	5.5			5.5
会议室	20.0	1	20			20
员工休息室 (电话,饮水机)	14.0	1	14			14
员工更衣室(女)	0.3	17	5.1			4.3
员工更衣室(男)	0.3	17	5.1			4.3
缓冲	3.5	1	3.5			3.5
洁物存储	2.0	1	2			2
污物暂存	2.0	1	2			2
员工卫生间	5.5	2	11			11
			89.2			87.6
功能房间	规划面积			实际面积		
公共	单位面积 (m²)	个数	面积总计 (m²)	单位面积 (m²)	个数	面积总计 (m²)
等候	1.5	168	252			252.5
等候,轮椅	2.5	1	2.5			2.5
公共卫生间	5.5	1	5.5			5.5
家属问询室	10.0	1	10			10
			270			270.5

部门净面积（m²）		部门水平交通（m²）		墙体和结构（m²）		部门总面积（m²）	
1551.3	—	465.3	30%DNSF	170.6	11%DNSF	2187.2	—

5.6.5 重症监护室的面积计算

重症监护室是医院的核心机构，但是目前我国在重症监护室的设计上缺乏相关标准。规划过程中对病床的设计、护理模式、各组成部分的面积配比都没有严谨科学的研究。在实践中，往往局限于其所在位置和面积大小随意布置，导致房间缺失、交叉感染等问题。另外，对重症监护床位的未来需求预估也存在不足。结合国家对医院的定位及门诊基层化的政策，未来医院将主要承担危急重症等重大病情的抢救。

对于 ICU 床位比例的取值，目前就我国各大医院的调查数据结果表明：历史悠久、专科特色突出的医院，ICU 的床位比例达到 8%～13%；一些专科不够强大，特色不太突出的医院接收的重疾患者相对较少，重症监护的床位数比例相对偏低。目前我国 ICU 床位占总床位的比值为 2%～8%，但是从趋势发展来看，大型医疗中心总体的重症床位数值会逐步增高（见表 2-15）。

表 2-15 我国部分医院 ICU 发展趋势统计

名称	地区	总床位	ICU床位	占比	备注
郑州大学第一附属医院	郑州	7000	377	5.4%	包括RICU、综合ICU、PICU、EICU、CCU、神经ICU、SICU、NICU
四川大学华西医院	成都	4300	251	5.8%	包括综合ICU、外科ICU、神经ICU、小儿ICU、胸外ICU、永宁ICU、上锦ICU、呼吸ICU
北京大学国际医院	北京	1800	159	8.8%	——
中南大学湘雅五医院	长沙	2500	81	3.2%	仅中心ICU，不包括专科ICU
安徽医科大学第一附属医院高新分院	合肥	2000	120	6.0%	——
香港大学深圳医院（滨海医院）	深圳	2000	110	5.5%	包括综合ICU、NICU、EICU、VIPICU、RICU、CCU

计算重症监护所需面积的方法为：标准 ICU 单元面积乘以重症监护单元数量，得到所有重症监护面积。重症监护室的单元数是重症监护床位数除以单个重症单元的标准床位数得到的，通常按 1 个重症单元 12 个床位计算。在实际运营过程中，单个重症监护单元床位以 10～12 张为宜，最多不超过 15 个。重症监护床位数是整个医院的床位数乘以重症监护在总床位数中所占

的比例得出的数值，然后乘以单个重症监护室的面积。重症监护面积按科室净面积以及交通和墙体面积的总和，计算出科室的总面积（见表 2-16）。

$$重症监护床位数 = 总床位数 \times 重症监护床位比例$$
$$重症监护单元数 = 总床位数 \times 重症监护床位比例 / 12$$
$$重症监护面积 = 重症监护单元面积 \times 重症监护单元数$$

重症监护在总床位数中所占的比例通常为 3% ～ 8%。在专科医院，其比值常为 10% ～ 15%。在一些发达国家，由于医疗专业化的程度较高，住院部中重症监护的比例一般为 15% ～ 25%。需要注意的是，当重症监护床位的数量除以 12 所得值的小数大于 0.5 时，可拆分为 2 个单元；小于 0.5 时，可取值为整数单元。以总床位数为 500 的医院为例，分析如下。

（1）如果重症监护比例为 7%，监护床位是 35 时，35/12≈2.9，则考虑设置 3 个单元。

（2）如果重症监护比例为 5%，监护床位是 25 时，25/12≈2.08，则考虑设置 2 个单元。

（3）如果重症监护比例为 6%，监护床位是 30，30/12= 2.5，可设置 2 个单元，每单元 15 床，也可设置 3 个单元，每单元 10 床。

单个重症监护单元包括监护病房区、护理辅助区、员工区和公共等候休息区。在以 12 个病床为 1 个单元的护理模式中，护理单元、治疗辅助功能及员工办公设施都是相对固定的，这样可以保证功能的完整性和良好的感染隔离。在设施较完善的重症单元中，重症监护的辅助用房面积和病房区面积比例通常为 1.5:1。

监护病房区的布置可采取开放式或分隔式，也有将两种混合的模式。病房区的模式是决定重症监护单元面积的变量。

重症监护基础护理型通常为开放式的大空间。在这种情况下，护士可以观察到更多的患者，但患者之间的相互隔离没有单人间好。开放式的布置中，单个床位的面积为 12 ㎡。

高端重症监护设置为每人独立单间，独立单间的面积一般为 20 ㎡。可通过玻璃分割，保持护士对多个房间的监护，并实现患者之间的感染分隔。另外，单人间还能为家属提供辅助重症监护和照顾的空间，并保证私密性。

混合式是把单人间和开放式结合起来的设计模式，在有多个重症监护单元的情况下使用比较普遍。

重症监护单元内须设立隔离重症监护室，让部分患有传染性疾病的重症患者与其他患者隔离。隔离病房区设置隔离缓冲间及医患卫生间。

5.6.5.1 护理辅助

护理辅助区的面积按照 1 个标准单元的模式来提供，其中包含的各个功能房间的数量和面积都相对固定。包括护士工作站、打印和复印工作区、配药、洁物和污物存储区、配餐间，以及存放设备、急救车、担架、轮椅、影像设施、电话、饮水的空间等。

5.6.5.2 员工办公辅助

员工办公辅助空间包括办公室、会议室、员工休息室、卫生间和后勤清洁等房间。这些房间的面积和数量都相对固定。

重症监护的员工办公辅助和治疗空间，通常是 1:1 对等。这些房间提供给重症监护所有的工作组。其中，比较重要的是各种仪器和设备的存放空间。因为重症监护室的一个重要特点就是患者使用的各类急救设备较多，一些频繁使用的内镜的清洗存放通常也在科室内设置。

另外，重症监护的医护人员长期加班工作，需要休息及培训学习的空间。值班室一般应在每个单元内设置 1 个，以方便发生紧急情况的时候，值班医生可以快速到达，进行抢救。

5.6.5.3 公共等候

公共等候区提供每个病床 3～5 个患者家属等候的空间，以及公共卫生间、患者家属休息和咨询的空间。此部分的面积在单个重症监护单元是相对固定的。

公共等候的空间必须考虑我国的实际情况，当患者进入重症监护的时候，家属会大批涌入，通常亲戚朋友也会前往探视。特别是在情况紧急时，家属可能会长时间停留，对重症监护的休息空间的需求较大。如果等候空间设置得太小，患者家属可能会在楼道或者其他地方停留，影响整个医院的环境。所以院方应提供舒适的空间以缓解患者家属紧张、焦虑的情绪。可设置咖啡厅、沙发、座椅及绿植等，给患者家属营造一个舒适的空间，体现医院服务的人性化。

为了节约空间，重症监护的等候空间通常可以与手术室结合设置，以提高使用效率，还可以附设咖啡厅、零售柜员机等设施。部分家属由于从外地前来就医，特别是在公立医院，有一些经济比较困难的家属，可能会长时间守候在重症监护室外，所以应考虑设置独立的家属休息室，与公共等候厅相对分隔。等候空间内可提供折叠床等供家属夜间休息。如未考虑到此种需求，在重症监护的等候空间内往往会出现家属的生活用品及床铺等，很多家属直接在地上或在楼梯过道铺床，影响整个医院的空间环境，甚至阻塞交通和消防通道。

有多个重症监护单元时，可以将部分单元设置为开敞式，部分设置为分隔式，以满足不同患者的需求，并提高运营效率；也可将公共等候区和员工休息更衣区结合设置，以方便管理。

表 2-16 重症监护室功能房间规划表

部门名称	ICU	单位个数		50
七项	医技	部门净面积		1784
部门水平交通	45%	单位净面积=部门净面积/单位个数		36
部门墙体+结构	15%	方案设计部门净面积		

功能房间	规划面积			实际面积		
高端病房护理单元	单位面积 (m²)	个数	面积总计 (m²)	单位面积 (m²)	个数	面积总计 (m²)
1床病房, ICU	20	12	240			
隔离缓冲	6.5	1	6.5			
隔离病房	14	1	14			
病患卫生间	4	1	4			
			264.5			264.5

功能房间	规划面积			实际面积		
基础型病房护理单元	单位面积 (m²)	个数	面积总计 (m²)	单位面积 (m²)	个数	面积总计 (m²)
1床病房, ICU	12	12	144			
隔离缓冲	6.5	1	6.5			
隔离病房	14	1	14			
病患卫生间	4	1	4			
			168.5			168.5

功能房间	规划面积			实际面积		
中端病房护理单元	单位面积 (m²)	个数	面积总计 (m²)	单位面积 (m²)	个数	面积总计 (m²)
1床病房, ICU	20	4	80			79
1床病房, ICU	12	8	96			95
隔离病房	6.5	1	6.5			6.5
隔离病房	14	1	14			14
病患卫生间	4	1	4			4
			200.5			198.5

表 2-16（续表）

功能房间	规划面积			实际面积		
护理单元辅助	单位面积 (m²)	个数	面积总计 (m²)	单位面积 (m²)	个数	面积总计 (m²)
护士中心	4	2	8			
工作区,护士	4	6	24			
工作区,文员	5.5	1	5.5			
护士站,中心监控	1	1	1			
工作区,洗手	1	1	1			
工作区,打字复印	5	1	5			
述写工作区	2.5	4	10			
配药	8	1	8			
洁物存储	12	1	12			
污物存储	10	1	10			
膳食区	12	1	12			
凹室,PACS	5	1	5			
凹室,急救车	1	1	1			
凹室,担架	2.5	1	2.5			
凹室,轮椅	1	1	1			
凹室,影像设施	2.5	1	2.5			
凹室,电话	1	1	1			
凹室,饮水	1.5	1	1.5			
凹室,设备	15	1	15			
			126			126

功能房间	规划面积			实际面积		
员工和设施	单位面积 (m²)	个数	面积总计 (m²)	单位面积 (m²)	个数	面积总计 (m²)
办公室,通用	10	1	10			
办公室,共用	11	2	22			
后勤清洁	5	1	5			
会议室	48	1	48			
员工休息	12	1	12			
员工更衣	0.25	9	2.25			
员工卫生间	5.5	1	5.5			
			104.75			104.75

功能房间	规划面积			实际面积		
公共	单位面积 (m²)	个数	面积总计 (m²)	单位面积 (m²)	个数	面积总计 (m²)
等候	1.5	12	18			18
等候,轮椅	2.5	1	2.5			2.5
公共卫生间	5.5	1	5.5			5.5
静室(病患家属问询)	10	2	20			21
			46			47

表 2-16（续表）

部门净面积（m²）		部门水平交通（m²）		墙体和结构（m²）		部门总面积（m²）	
1115	—	502	45%DNSF	167	15%DNSF	1784	基础

部门净面积（m²）		部门水平交通（m²）		墙体和结构（m²）		部门总面积（m²）	
880	—	396	45%DNSF	132	15%DNSF	1408	中端

部门净面积（m²）		部门水平交通（m²）		墙体和结构（m²）		部门总面积（m²）	
1355	—	610	45%DNSF	203	15%DNSF	2168	高端

5.6.5.4 新生儿护理

新生儿护理分为健康儿童护理和重症儿童护理。其中的关键是确定重症儿童的床位数和健康儿童的床位数。可以通过产科床位数与总床位数之间的比例关系，先确定产科的床位数，除以产科平均住院天数，得到日待产数量，也就是新生儿数量。然后将这个数值乘以全部新生儿床位中的重症比例，确定新生儿重症监护床位，其余的即为健康儿童床位数（见表 2-17）。

日出生数量 ＝ 总床位数 × 产科的床位数比例 / 产科平均住院天数

新生儿重症监护床位数 ＝ 日出生数量 × 重症儿童比例

健康儿童床位数 ＝ 日出生数量 - 新生儿重症监护床位数

新生儿重症护理包括护士工作区、护理辅助区和员工区。

（1）护士工作区包括护士站、工作区、洗手、打字、复印、述写工作区、刷手等。

（2）护理辅助区包括喂乳室药剂间、洁物存储、污物存储、后勤清洁、PACS、食物、设备、急救车的储藏空间。药剂间、洁物储存、污物存储、PACS、食物及设备，按照每 24 个 NICU 的床位设置 1 个。各种辅助设施按照单个空间为既定的面积来设置。

（3）公用辅助区域包括通用办公室、卫生间、电话、饮水、影像设备、会议室和员工休息室。

表 2-17 新生儿重症监护室功能房间规划表

部门名称	新生儿	医师数量		
七项	医技	医疗面积总计		
部门水平交通	30%	单位医疗面积=医疗面积总计/医师数量		
部门墙体+结构	11%	面积总计		
功能房间	规划面积		实际面积	
新生儿重症病房	单位面积(m²)	个数	面积总计(m²)	单位面积(m²)	个数	面积总计(m²)
NICU床位	10	11	110			106.3
工作区,洗手	5.5	3	16.5			14.6
			126.5			120.9

功能房间	规划面积			实际面积		
护理辅助	单位面积(m²)	个数	面积总计(m²)	单位面积(m²)	个数	面积总计(m²)
护士站,工作区	4	4	16			17.7
护士站,机动	4	1	4			3.5
工作区,护士长	4	1	4			4
护士站,文员	5.5	1	5.5			5.5
工作区,洗手	1	1	1			1
工作区,打印复印	5	1	5			5
述写工作区	2.5	4	10			8.9
刷手	2	1	2			1.8
哺乳室	8	1	8			8
药剂间	8	1	8			8
凹室,食物	2.5	1	2.5			2.2
凹室,PACS	5	1	5			5
凹室,洁物	1	1	1			1
凹室,污物	1	1	1			1
凹室,急救车	1	1	1			1
储存,设备	1.5	1	1.5			1.5
员工卫生间	5.5	1	5.5			5.5
后勤清洁	5	1	5			5
			86			85.6

功能房间	规划面积			实际面积		
健康病房	单位面积(m²)	个数	面积总计(m²)	单位面积(m²)	个数	面积总计(m²)
健康新生儿护理	2.5	32	80			79.7
工作区,洗手	1	1	1			1
			81			80.7

表 2-17（续表）

功能房间	规划面积			实际面积		
护理辅助	单位面积 (m²)	个数	面积总计 (m²)	单位面积 (m²)	个数	面积总计 (m²)
护士站,工作区	4	5	20			21.3
工作区,洗手	1	1	1			1
刷手	2	1	2			2
诊室,隔离	9	1	9			9
凹室,食物	2.5	1	2.5			2.5
凹室,急救车	1	1	1			1
凹室,洁物	1	1	1			1
凹室,污物	1	1	1			1
(可与产科共用公共区域)			37.5			38.8
功能房间	规划面积			实际面积		
共用辅助	单位面积 (m²)	个数	面积总计 (m²)	单位面积 (m²)	个数	面积总计 (m²)
办公室,通用	10	1	10			10
办公室,合用	11	1	11			11
公共卫生间	5.5	1	5.5			5.5
凹室,电话	1	1	1			1
凹室,饮水	1.5	1	1.5			1.5
凹室,影像设备	14	1	14			14
会议室	0.25	22	5.5			5.5
员工休息室	1	12	12			11.6
			60.5			60.1
功能房间	规划面积			实际面积		
公共	单位面积 (m²)	个数	面积总计 (m²)	单位面积 (m²)	个数	面积总计 (m²)
等候	1.5	53	79.5			79.7
等候,轮椅	2.5	1	2.5			2.5
公共卫生间	5.5	1	5.5			5.5
家属问询室	10	1	10			10
			97.5			97.7

部门净面积（m²）		部门水平交通（m²）		墙体和结构（m²）		部门总面积（m²）
484	—	145	30%DNSF	53	11%DNSF	682	—

5.7 医技科室与设备用房的规划

5.7.1 设备房间的数量

确定大型医疗设备的数量是计算相关科室面积的一个重要条件。在明确了医院规模后，可以通过分别计算门诊和住院部所需要的设备数量，得出全院的设备数量（见图 2-11）。

门诊设备数量的计算方法：通过床位数与诊床比计算出日门诊量；日门诊量乘以科室内做检查的人数比例，得出门诊科室的日检查数；然后除以每台机器每天可以做的平均检查数，得出门诊部分的设备数。单机的日检查量为设备日开放营业时间除以单位患者做检查的时间。

住院设备数量的计算方法：住院的床位数乘以住院检查的人数比例，然后用每日住院检查人数除以单机日检查量即可得出每千床住院所需设备数。

最后，将门诊设备数与住院设备数相加，即可计算出全院设备的数量。

医疗设备数量 = 门诊量对应设备数 + 住院床位对应设备数

门诊量对应设备数 = 总床位数 × 诊床比 × 千门诊量所需设备数

住院床位对应设备数 = 总床位数 × 千住院床位所需设备数

在实际应用中，门诊或住院的设备有的一起放置，形成一个大的医技科室，也有的将相关设备分别投放到所需要的科室，成为专科中心辅助检查的设备，形成一站式服务，避免患者到处奔波。无论哪种模式，首先都要根据科学的统计方法预估出设备的数量，然后再分配到各部门当中。表 2-18 为某医院医技科室设备清单。

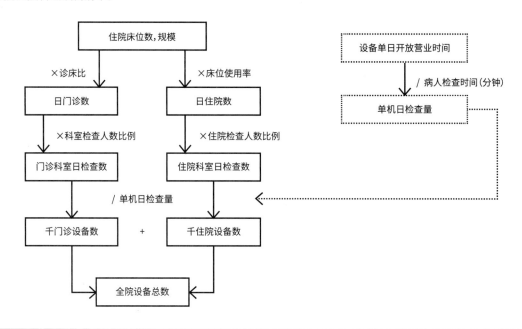

图 2-11 医疗设备数量自动计算流程图

表 2-18 某医院医技设备测算表

设备名称	千门诊设备数	千住院设备数	单机饱和	单病人检查时间(分)	门诊设备需要数	住院设备需要数	全院总数
CT	0.29	1.19	75	8	0.9	1.2	2.1
MRI	0.21	0.65	29	21	0.6	0.7	1.3
DSA	0.24	0.10	8	60	0.7	0.3	1.0
数字胃肠	0.17	0.18	21	23	0.5	0.5	1.1
数字乳腺X光机	0.14	0.13	27	18	0.4	0.4	0.8
DR 1000MA	0.26	0.35	69	7	0.8	1.1	1.8
DR 500MA	0.23	0.72	80	6	0.7	2.2	2.9
ECT	0.11	0.15	13	38	0.3	0.5	0.8
心脏彩超	0.14	——	19	25	0.4	——	0.4
彩超	1.42	——	44	11	4.3	——	4.3
黑白超声	0.93	0.29	44	11	2.8	0.9	3.7
TCD(经颅多普勒)	0.07	0.25	34	14	0.2	0.8	1.0
脑电图	0.09	0.32	18	26	0.3	1.0	1.2
肌电图	0.08	0.42	14	35	0.2	1.3	1.5
碎石机	0.20	——	7	70	0.6	0.0	0.6
电子胃镜	0.30	0.25	19	25	0.9	0.8	1.7
电子结肠镜	0.21	0.32	9	53	0.6	1.0	1.6
电子支气管镜	0.16	0.32	——	——	0.5	1.0	1.4
全自动生化分析仪	0.26	——	1200	0.4	0.8	0.0	0.8
五分类全自动血细胞仪	0.09	0.40	480	1	0.3	1.2	1.5

5.7.2 功能检查科室

功能检查科室包括心功能检查、电生理检查及相关辅助区域、员工区域。功能检查室的房间数量根据门诊量及需要检查的患者数量进行设置。在大型设备数量自动计算表中得到房间数据,应用至此处。

随着科技的发展,功能检查检验中写报告部分的工作将大多采用互联网的形式。前端的各个分散工作点将结合科室设置,形成"一站式服务"。而检查的图像可传到网上,通过平台上有经验的医生审核并形成报告,在为患者提供更便利服务的同时,节约人力资源成本。功能检查将被分散到各使用频率较高的主要科室,如妇科、体检、心脑中心、疼痛中心等必须做检查以进行下一步诊断的科室。

全院范围内还需要设立 1 个功能检查中心,主要服务包括两部分:一是为那些对功能检查需求不高的科室的患者提供检查服务;二是为全院范围内检查报告做审核。当确立了这样的前端服务、终端管理的系统后,就必须做站点规划。

站点规划的核心内容是分析各主要服务科室的患者检查量,确定检查室的数量,而中心服务处将提供零星服务和部分大型仪器设备的服务。在分散布置时，技术人员有关的公共设施和患者等候区可结合所服务的诊疗单元设计，以节约场地和成本。

5.7.2.1 心功能检查区

心功能检查区包括心电图检查室、动态心电图室、动态血压室、心向量室、心肌图室、平板运动实验室、超声心动室等，如图2-12所示。

由于心电图设备较小、易移动，房间无须屏蔽等防护措施，心电图室可根据实际需求与其他科室邻近设置。

心功能检查区充分依据病患就诊流程布局，极大节约人力、物力。人流量较多、危险系数较高的检查室尽量靠近医生集中办公的分析中心区域，如图2-13所示。

图2-12 心功能检查室平面布局图

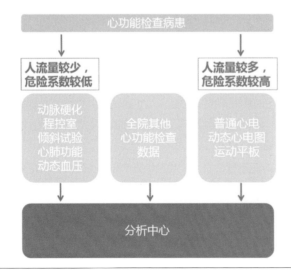

图2-13 心功能检查与分析中心关系图

5.7.2.2 电生理检查区

电生理检查区包括脑电图室、动态脑电图室、经颅多普勒室、脑地形图室、肌电图室、脑血流图室、肠胃功能室、肺功能室、骨密度室、资料室、处置室、治疗室、程控室、倾斜试验和运动平板试验区域等。

（1）功能分区

电生理检查区主要分为病患家属等候区、诊疗区和医护生活区，如图2-14所示。

病患家属等候区：设置护士站和等候座椅。

诊疗区：设置脑电图室、多普勒检查室、肌电图室肌电室。

医护生活区: 设置主任办公室、护士长办公室、示教室、休息室、值班室等。

（2）流线设计

电生理检查区应分区明确，流线独立，如图2-14 所示。

病患流线：患者通过等候区护士分诊后，进入各诊疗房间。

医护流线：医护通过专用电梯到二层后，进入电生理检查医护生活区。

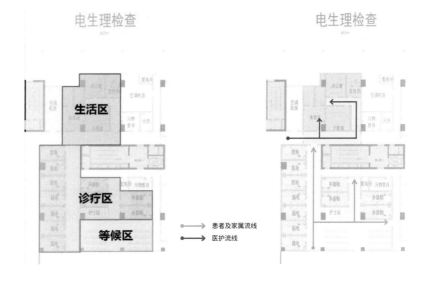

图 2-14 电生理检查区分区及医患流线图

5.7.2.3 办公区

办公区包括分析中心、护士站、主任办公室、护士办公室、更衣间、卫生间（男女各1间）、库房及医护值班室、休息室、示教室等功能用房。

5.7.2.4 公共区

主要为病患及家属等候区，无须设置护士站，采用智能化系统，在每间诊疗室前均有病患排队信息。公共区通常设置1个全职员工，等候区按每个检查室3个座位设置，轮椅等候数为总等候座位数的5%。

5.7.3 放射科

放射科的面积取决于放射科大型设备及相应辅助设施的数量。另外，还包括患者等候、恢复区域、员工办公辅助区域几大部分的面积之和。其中，最为关键的是大型设备数量的计算。大型设备区包括普通放射区、CT、核磁共振区。

一般来讲，当医院规模较小时，为了更高效地利用贵重仪器设备和检查人员，通常只设置 1 个放射科，供住院患者和门诊患者共同使用。通常需要设置病床等候空间，住院患者与门诊患者从不同的地方进入。也有医院设计时缺乏对病房患者的考虑，同时又没有对住院和门诊患者实行错峰检测，就会出现放射等候厅里挤满了推床的家属和患者的情况。

当医院规模达到 1000 床及以上时，门诊和住院的放射需求达到一定量，其放射科可以分开设置。当床位数达到 2000～3000 床时，科室规模可超 8000 ㎡，此时必须分开设置。因为放射科如果放在同一层，将占满整个楼层，导致功能布局不合理。设置时需要注意以下问题。

（1）放射科需要做防护，通常放在地下室。如果患者做完诊断后再来做检查，将导致大量的垂直交通。因而可采取部分设置在地下，供门诊或底部楼层的科室使用。其他设置在上层，以便分流。

（2）住院和门诊放射分开设置时，住院放射可设于住院部下方架空层内，这样住院患者做检查时直接坐电梯到架空层即可，不必穿越繁忙的门诊区。

（3）放射科也可以在地面上结合专科布置，形成"一站式服务"模式。例如，在脑科、胸痛中心，将门诊诊断和心脑电图检查、介入和放射等医技科室结合设置，为患者提供更加便捷的服务。

需要注意的是，放射科设置在二层及以上楼层时，需要考虑立体防护事宜，规避上下楼层 MRI 之间、MRI 和直线加速器、PET/CT 等设备之间的磁干扰问题。同层面积大、电梯核心筒较多的情况下，还要考虑与电梯之间的距离问题。

5.7.3.1 普通放射区

普通放射区包括门诊普通放射区和住院影像科。

（1）门诊普通放射区

门诊普通放射区（以下简称"门诊普放"）包括大型设备操作间，如放射 X 光、肠胃放射间、乳腺放射间及为之服务的控制室、病患更衣室、准备间、专用厕所等。每个设备间都有与之配套的、数量相等的辅助用房。当大型设备数量确定后，设备单元的面积也就相对固定了。

医疗工艺设计参数应根据不同医院的要求研究确定。当无相关数据时，应符合相应规范要求。《综合医院建筑设计规范》第 3.2.1 条规定：日拍片达到 40～50 人次时，可设 X 线拍片机 1 台；日胃肠透视达到 10～15 例时，可设胃肠透视机 1 台；日胸透达到 50～80 人次时，可设胸部透视机 1 台。

第 5.8.4 规定：照相室最小净尺寸宜为 4.5m×5.4m；透视室最小净尺寸宜为 6.0m×6.0m。防护应根据设备要求，按现行国家有关医用 X 射线诊断卫生防护标准的规定设计。

另外，还有为区域服务的共享设施，包括存储、担架、轮椅、设备及图片、打印、洁净物品、污染物品、病患卫生间以及设备维修等。这些服务功能房间的数量都为 1，其对应的单个房间面积是固定的。

门诊普放可与骨科中心、胸痛中心、脑科中心、呼吸内镜、电生理检查、介入中心、心功能检查、住院超声等科室同层布置。尤其是骨科中心和胸痛中心，需要放射检查的病人较多，与门诊普放同层布局，方便病患就诊。

门诊普放主要分为普放检查区、公共区域、医护生活区，如图 2-15 所示。

普放检查区：设置 7 台 DR 设备、2 台乳腺钼靶设备、1 台胃肠造影设备、公共卫生间、控制廊。乳腺钼靶独立设置更衣间、缓冲区及控制室。胃肠造影区配设独立卫生间和钡餐室。

公共区域：设置等候区，护士站。

医护生活区：设置技师休息室、更衣卫生间、主任办公室、集中阅片室、多功能室（可兼做会议、示教、休闲活动）等功能房间。

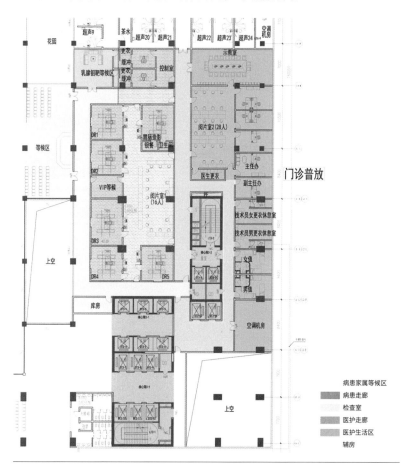

图 2-15 门诊普放平面布局图

（2）住院影像科

住院影像科主要分为检查区、公共区、办公生活区，如图 2-16 所示。

检查区：设置 3 台 CT、4 台 DR、1 台胃肠机。DR 与胃肠机共用一条控制廊，3 台 CT 共用一条控制廊，分区明确。另设二次等候区、注射室、观察室。

公共区：设置护士站、等候区、卫生间等。

办公生活区：设置技师和医生办公室、男女更衣室、值班室。

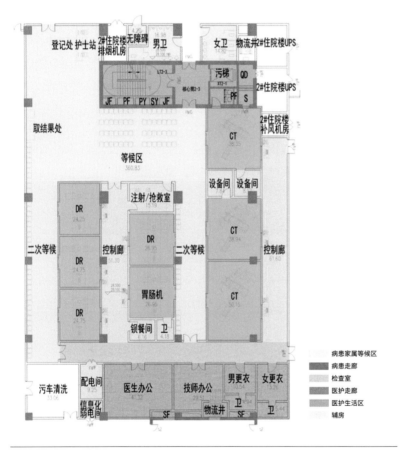

图 2-16 住院影像科平面布局图

住院影像科病患与医护流线应明确。

病患流线：患者通过公共走廊进入科室内部等候区，通过护士叫号指引到各检查间外的走廊二次等候，之后进入房间检查。

医护流线：医护人员可通过专用梯到达医护生活区，再直接进入医护工作区的控制廊。

5.7.3.2 CT/核磁共振区

CT/核磁共振区包括机房、控制室、更衣间及设备间。CT 还有为之服务的注射间、观察区。CT/核磁共振区主要分为 CT 检查区、核磁共振检查区、公共区、医护生活区，如图 2-17 所示。

CT 检查区：配置 3 台 CT 设备，设置更衣室、注射室、公共卫生间、二次等候空间等。每组 CT 设备配置设备室及扫描间。控制室为贯穿控制廊模式。设置接待室 1 间，兼做 VIP 接待候诊。

核磁共振检查区：配置 6 台 MR 设备，设置公共卫生间。每组 MR 设备均配置控制室、设备间、磁体间、更衣和缓冲区。

公共区：设置等候区、护士站、沙发茶座等休息空间。

医护生活区：设置技师休息室、更衣间、卫生间、医生休息室、示教室等功能房间。

图 2-17 MR 中心和门诊 CT 平面布局图

核磁共振系统要求设置 3 个基本房间：控制室、设备间、磁体间。3 个房间最好是 L 形或者一字形相邻布置，建议设备间与磁体间相邻。可参考表 2-19、表 2-20 和图 2-18 的数值与布局。

表 2-19　磁体间最小距离

设备名称	1.0T	1.5T	0.2T (With EFI)	3.0T
1.5T Avanto	5.0m	5.0m	6.0m	7.0m

注：此为西门子两台磁共振设备之距离要求。如果有非西门子共振设备相邻，需要医院联系相关厂家专业工程师。

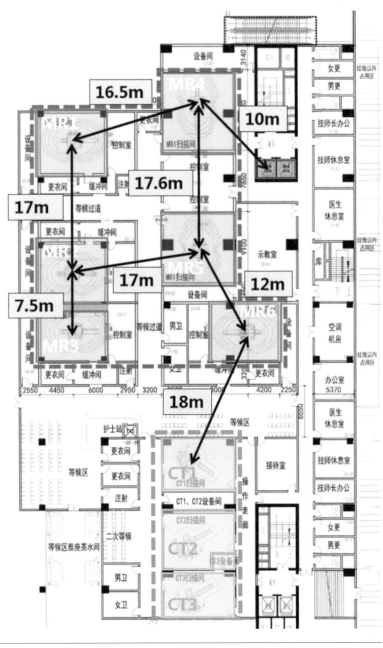

图 2-18　磁体间距离分析图

表 2-20　典型设备允许最大磁通密度限制要求

设备	磁通密度范围 (mT)	最小间距 X, Y 方向 (m)	最小间距 Z 方向 (m)
伺服—通风机 (西门子)	20	1.6	2.0
射频滤波器	10	1.7	2.3
磁共振机柜	5	1.9	2.6
小马达、手表、照相设备、磁数据存储器设备	3	2.0	2.8
计算机、硬盘、磁性存储器、示波器	1	2.3	3.5
心脏起搏器、黑白监视器、X 光管、磁存储介质、胰岛素泵	0.5	2.5	4.0
磁屏蔽彩色监视器	0.3	2.6	4.4
CT 系统 (西门子)	0.2	3.0	5.0
彩色监视器	0.15	3.3	5.4
直线加速器 (西门子)	0.1	3.5	6.0
影像增强器、伽马照相机、直线加速器 (非西门子)	0.05	4.5	7.2

CT/ 核磁共振区在设计时需要关注以下设计要点。

控制室：观察窗使用专业屏蔽窗 (一定目数的铜网和透光率的玻璃)，建议尺寸为 3.0m×5.0m。

磁体间：空间需满足安装要求、安全要求、使用要求，建议尺寸为 6.5m×5.0m。如将 5 高斯线完全控制在检查室内，建议机房不小于 8.1m×5.0m。磁体间的屏蔽门开向朝屏蔽间外，不能将设备间的门开向磁体间，建议只安装一道屏蔽门。

设备间：空间除满足设备安装基本要求外，还需要考虑散热空间和维修空间，建议尺寸为 2.5m×5.0m。

CT/ 核磁共振区应分区明确，动线独立，如图 2-19 所示。

病患流线：患者通过公共医疗走廊进入科室内部等候区，通过护士叫号指引到各检查间。

医护流线：医护人员可通过专用梯到达医护生活区，再通过公共走廊到达各诊疗区。

当医院规模较大时，CT/ 核磁共振区应分散布置。当 CT/ 核磁共振区单独设置时，其办公室医护人员的更衣、值班及存储、卫生间独立设置。当与其他设备合并设置时，每间 CT 或 MRI 设 1 个等候室。如考虑设置二次等候，每 1 间 CT 或 MRI 设置 2 个座位。

另外，CT/ 核磁共振区需设置急救车、担架、轮椅及普通的存储设备间，还有患者放置衣服、贵重物品的空间，每个 CT/ 核磁共振区设置 3 个柜子。当有多个 CT / 核磁共振区时可以结合设置，以节约空间。

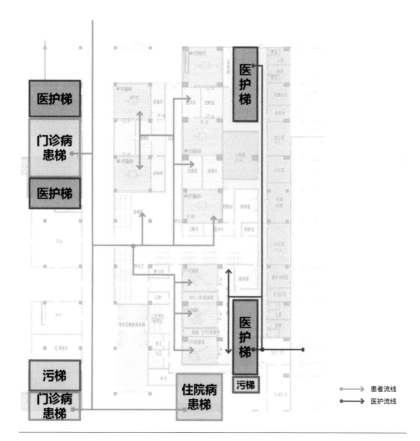

图 2-19 MR 中心和门诊 CT 平面流线图

5.7.3.3 公共等候区

公共等候区包括登记、普通等候和轮椅等候。普通等候可按每个影像室设置 3 个座位。轮椅等候为总等候座位数的 5%。每个轮椅按照 1.5 ㎡ 设置。通常为 2 个位置，包括患者及其家属。

5.7.3.4 员工辅助区

员工公共辅助区包括办公室、休息室、更衣室和卫生间。

主任办公室通常为独立单间，面积按国家相关规范中科室主任级别人员面积设置。

办公室通常为 2 个全职员工合用 1 个办公室。

工作区空间大小取决于部门的面积，按照每个全职人员 1 个工作位设置。

员工休息室通常每个部门设置 1 个，并且考虑上班高峰期的员工数为每间加 0.3 ㎡。

员工更衣室按照每个全职员工 1 个的标准设置。

员工卫生间通常每个部门设置 2 个，男、女各 1 间。

5.7.4 核医学科

5.7.4.1 功能分区

核医学科一般以控制区、监督区、非限制区分区设置，如图 2-20 所示。

控制区：设置服药、注射、试剂配制、卫生通过、储源、分装等用房，并应有贮运放射性物质及处理放射性废弃物的设施。

监督区：设置扫描、功能测定、运动负荷试验等用房，以及专用等候区和卫生间。

非限制区：设置候诊、诊室、医生办公室和卫生间等用房。

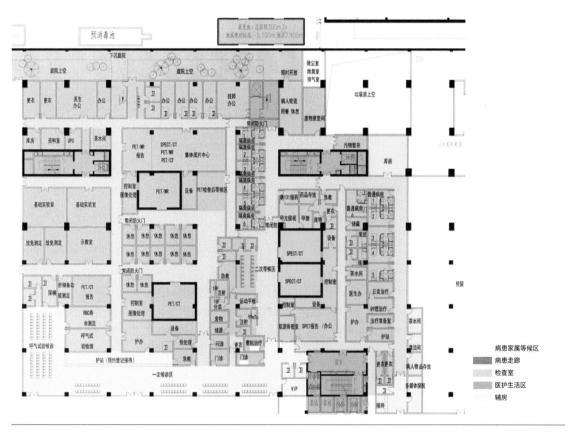

图 2-20 某医院核医学科平面布局图

5.7.4.2 设计难点

（1）核医学科为大型综合科室，各个功能部分都较为复杂。

（2）患者流线、核素流线均有严格要求。

（3）衰变池位置及排污流向影响病区设置。

（4）控制区、监督区、非限制区需严格划分。

5.7.4.3 设计要点

（1）选址

由于放射性同位素释放的射线能引起物质电离，如应用或管理不当，会损害人体正常细胞，因此，放射性同位素室宜单独设置在院区常年主导风向的下风向，避开人流密集区。但一所医院的下风向，有可能是邻近建筑的上风向，所以应采用吸附过滤装置，做到达标排放。

核医学科应自成一区，并应符合国家现行有关防护标准的规定。放射源应设单独出入口。

（2）平面布置

①控制区、监督区、非限制区分区布置。

②控制区应设在尽端，并应有贮运放射性物质及处理放射性废弃物的设施。

③非限制区进入监督区和控制区的出入口处均应设卫生通过。

（3）防护要求

①应按国家现行有关临床核医学卫生防护标准的规定设计。

②固体废弃物、废水应按国家现行有关医用放射性废弃物管理卫生防护标准的规定处理后排放。

（4）其他

① PET、SPECT 之间设急救室。

②相邻大型设备的控制室邻近或相通（如两个 SPECT/CT 中间设置控制室，方便技师工作）。增设甲癌留观病房、敷贴、锶治疗、云克治疗、双源骨密度等。在下沉花园附近设置甲癌患者轮流进餐区，同时作为患者轮流活动空间。

③患者候诊区域内应有专用卫生间。专用卫生间和其他场所产生的放射性废液应汇集到衰变池。

④甲癌病房的衰变池尽量与核医学的衰变池分开设置。甲癌病房衰变池容积应设置为 100 ～ 200 m³，核医学的衰变池容积约为 10m³。需要根据用药量和病人数量进行具体计算。污水处理池与病房位置直接相通。病房的排污管线到衰变池的距离越短越好，排污管线经过区应没有工作用房。

⑤诊断用给药室与检查室应分开设置。如必须在检查室给药，应具有相应的放射防护设备。

⑥气流方向应符合从低活度区向高活度区流向的原则。

5.7.4.4 流线设计（见图 2-21）

患者流线：患者一旦注射相关药物后，本身带有放射性，应尽量减少对其他人员带来的照射。流线应为单向无回头，检测完毕后应从专用出口离开。

工作场所出口应便于检查后的患者直接、快速离开，并尽量避开医院其他科室和人员较多的公共区域。

核素流线：应设置单独流线，远离人员活动区；设单独出入口，可借用污物出入口。

污物流线：应设置单独通道，带有放射性的污物要在污物间暂存，待衰变正常后再与普通垃圾一并处理。

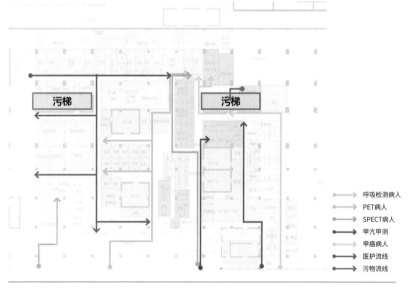

图 2-21 核医学科流线图

5.7.5 放疗科

放疗科一般设置在地下室，邻近核医学科、肿瘤住院病区，方便住院患者直接进入放疗中心，降低对门诊裙房的影响。集中式布局不仅节约用地，而且更好地组合院内各部门相关功能，实现资源共享，方便患者使用。

5.7.5.1 功能分区

放疗科主要分为公共候诊区、诊疗区、辅助房间、医辅区，如图 2-22 所示。

公共候诊区：设置一次候诊、二次候诊，并设有患者更衣间、卫生间。

诊疗区：设置护士站、预处理、诊室、治疗机房、抢救室、物理计划室、宣讲室。其中，治疗机房配置热疗机、后装机、直线加速器、控制室、治疗计划室、模拟定位（CT 模拟定位、MR 模拟定位）。

辅助房间：设置模具间、污洗和固体废弃物存放（靠近污梯）等用房。

医辅区：设置医生办公室、主任办公室、护士办公室、技师办公室、放射物理室、设备检修室、会诊示教室、卫生间、更衣室、值班室等用房。

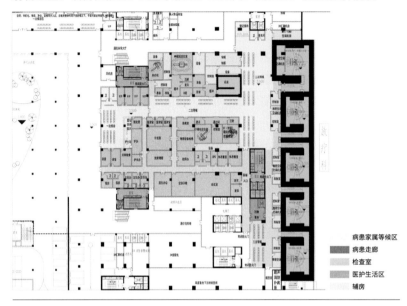

图 2-22 放疗科平面布局图

5.7.5.2 流线设计

放疗科应分区明确、动线独立，如图 2-23 所示。

患者及家属流线：普通患者通过医疗街进入一次候诊，叫号后进入二次候诊，准备接受治疗。

医护流线：医护人员通过医梯到达医护办公辅助用房，并可直接连通诊疗区。

污物流线：所有污物打包后，通过污梯运出。

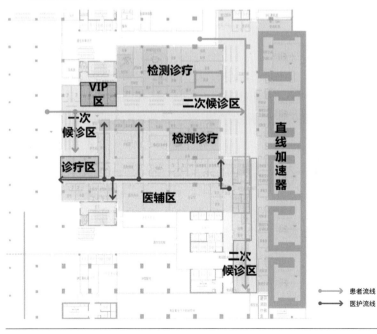

图 2-23 放疗科流线图

5.7.5.3 防护要点

（1）直线加速器下方不能有功能空间，需夯实。由于其设置在负 1 层，应考虑对环境的影响，其医疗空间应与车库有明确分隔与防护。

（2）直线加速器需要 7m 以上的层高，特别是 10MV 直加 /MRI 一体机房需要 8m 以上层高，需慎重选址，以免影响上层空间的使用。

（3）钴 60 治疗室、加速器治疗室、γ 刀治疗室及后装机治疗室的出入口应设迷道，且有用线束应尽可能避免照射在迷道墙上。在有限的空间条件下，增加有害射线的折射次数，减少对外界的辐射危害。防护门和迷道的净宽均应满足设备要求。

5.7.5.4 平面布局要点

（1）医生办公室可设画靶区。计划室面积可与医生办公室灵活调整。

（2）物理室按 10 ～ 14 人设置，50 ㎡ 左右，应与计划室相邻设置。

（3）医护、物理分析师、技师宜分设休息就餐。

（4）后装机应与诊室相邻；加设冲洗室。有条件的增设无菌室（可与抢救室合并）、超声室。

（5）热疗机可与 MR 模拟、后装机并列布置。

5.7.6 供应中心

5.7.6.1 功能分区

供应中心主要分为污染区、清洁区、洁净区及员工辅助区，如图 2-24 所示。

供应中心约 75% 的工作量来源于手术室。其中，污染区、清洁区、洁净区面积的编制与手术室数量密切相关。计算原则为：根据医院各服务空间的面积，除以手术室数量，得到每个手术室所需服务空间的面积。具体进行运算时，根据总床位数计算手术室个数，然后乘以单个手术室需要的服务面积，得到供应中心各区域面积。

在规划阶段，按照每 8 个手术室需要的面积来计算各区域面积。

$$去污区面积 = 15 ㎡ × 总床位数 / 50 / 8$$
（按每 8 个手术室需要 15 ㎡ 的空间进行计算）
$$设备清洗区 = 15 ㎡ × 总床位数 / 50 / 8$$
（按每 8 个手术室需要 15 ㎡ 的空间进行计算，去污传递区域的面积为 2.5 ㎡）
$$暂存空间 = 10 ㎡ × 总床位数 / 50 / 8$$
（按每 8 个手术室需要 10 ㎡ 的空间，之外每 8 个手术室需要 4 ㎡ 的空间）

（1）污染区

污染区中的主要作业区包括去污清洗区、去污设备及传递区。辅助去污工作区包括推车清洗、设备清洗、腔镜清洗及化学试剂存储区域。另外，还有计算机记录、后勤保洁、污物暂存及进入污染区的缓冲空间。辅助空间按单个功能面积计算。

辅助区一般为各区的特定功能服务，面积相对固定。辅助区包括紧急淋浴、入口缓冲空间、计算机操作工作区、后勤保洁区、腔镜清洗区、化学试剂存储及设备清洗区。

（2）清洁区

清洁区包括高温灭菌区、低温灭菌区、冰箱及打包、包扎和质检区。

高温灭菌和低温灭菌按每 4 个手术室设置 1 个设备。设备准备区域按每 2 个手术室设置 1 个。

（3）洁净区

洁净物质和推车存储区域包括医疗设备的存储，以每床的床均面积计算。

洁净物品供应存储以每个手术室的平均使用面积计算。

推车存储以每个手术室和每个产科手术 4 个推车和每两个产室 1 个推车计算。

医疗器械存储以每个手术室所需设置的面积计算。

（4）员工辅助区

员工辅助区包括主任办公室、普通公用办公室、工作人员值班室、工作区域、打印复印空间，以及存储、洁物和污物暂存间、男女更衣室、无障碍更衣室、员工休息空间、存储衣物空间、员工卫生间等房间。

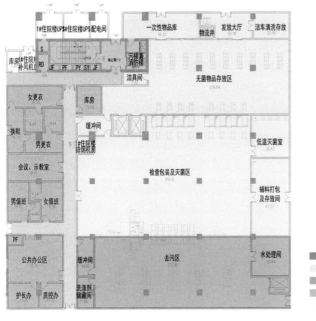

图 2-24 供应中心平面布局图

5.7.6.2 流线设计

（1）洁净流线（见图2-25）

手术室洁物流线：在消毒供应中心无菌物品存放区，对应手术室无菌物品区域，设置专用洁净电梯，实现高效、便捷的手术物品供应。

住院病区洁物流线：利用消毒供应中心内部的医护电梯，将洁物运至所在楼层。在大型医疗设施中，通常设置在架空层，通过水平转换，分别运送至各栋住院塔楼的相应病区。

门诊科室洁物流线：利用消毒供应中心内部的医护电梯，将洁物运至架空层。通过水平转换，运送至裙房各科室。

（2）污物流线（见图2-26）

手术室污物流线：在消毒供应中心去污区，对应手术室污物通道设置专用污物电梯，实现手术器械、器具、物品等高效、快捷的回收、消毒。

住院病区污物流线：利用住院病区塔楼的专用污物电梯，将需回收消毒的物品、器械先运送至地下，通过地下通长的污物通道，水平转运至供应室物品回收专用的污物电梯，到达消毒供应中心。

门诊科室污物流线：利用裙楼门诊区域的污物电梯，将需回收消毒的物品、器械先运送至地下，通过地下通长的污物通道，水平转换至供应室物品回收专用的污物电梯，到达消毒供应中心。

具体流线设计应结合医院实际情况，根据项目因地制宜进行设计。

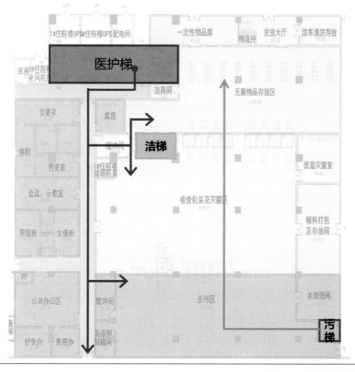

图2-25 供应中心流线图

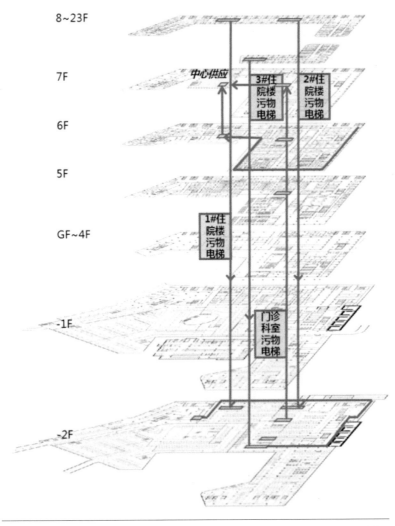

8~23F

7F 中心供应

6F

5F

GF~4F

-1F

-2F

3#住院楼污物电梯

2#住院楼污物电梯

1#住院楼污物电梯

门诊科室污物电梯

图 2-26 供应中心竖向流线图

5.7.7 实验室

5.7.7.1 功能分区

实验室主要分为清洁区、实验操作区、辅助用房、公共等候区、污染区，如图 2-27、图 2-28 所示。

清洁区：设置医生办公室、休息室、诊断室、会诊室、阅片室等功能用房。将办公生活区靠外墙布置，利用自然采光通风，营造舒适的办公环境；且将会诊、阅片、会议等与实验医师联系相对密切的功能房间邻近实验操作区设置。

实验操作区：设置临床实验区、PCR 实验室、微生物实验室、体液分析实验室等。

实验室辅助用房：设置试剂库房、耗材库房、仪器库房、资料档案室等。

公共等候区域：邻近楼层医疗街，与标本接收窗口对应，便于标本及患者到达，且最大程度减少对公共空间的影响。

污染区：设置污物处理、污洗以及高压灭菌等用房。

5.7.7.2 平面布局

一般每个实验室设置穿刺、洗手池、病患卫生间和诊室各 1 个。

公共等候区域：为每个抽血位设置 5 个座位。轮椅等候数为总等候座位数的 5%。

工作区：包括统计、接受、分离、打印以及数据录入。

数据录入为每 100 床 1 个。其他的工作区为每个实验室 1 个。

临床工作区：包括设备工作、设备测试和分析。

每个临床实验室设置 1 个。

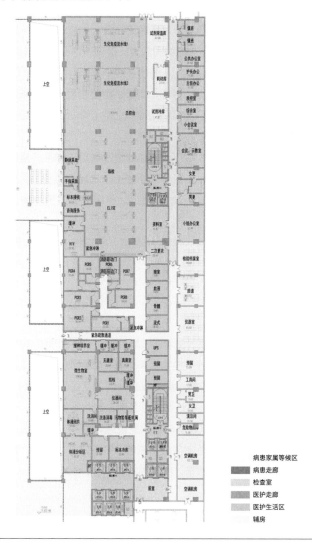

图 2-27 实验室平面布局图

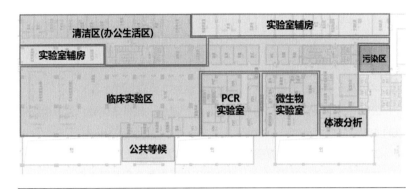

图 2-28 实验室功能分区图

临床实验室：包括工作分析，分为临床工作室、生化工作室、血液血清及生物细胞工作区，尿样分析和微生物实验室，存储冷冻和紧急淋浴区。

实验室设备区：包括设备机房、纯水机房、试剂室和精密仪器室、UPS，每个临床实验室设置 1 个。另外，实验供给是根据床位数来决定的，每 20 床设置 1 个货品柜，每 50 个医师另外设置 1 个货品柜。每个临床实验室设置 2 个衣物存储间，为每个职工 1 间。

员工办公区：包括通用办公室、合用办公室及通用工作区。文件的存储按每 100 床 1 个货品柜，每 50 个医师额外加 1 个货品柜设置。另外，每个临床实验室还包括 1 个打印、计算机及员工休息区、员工卫生间、员工更衣室，按每个职工 1 间设置。

后勤保洁、清洗、污物暂存、危险品存储，都按每个临床实验室 1 个设置。

5.7.8 输血科

5.7.8.1 功能分区

输血科主要分为实验室、办公生活区、对外服务区，如图 2-29 所示。

实验区：设置大实验室、分子生物学实验室、试剂仓库、洗涤室、文书档案室等用房。此区域具有污染性，需通过缓冲间与其他区域连接。

办公生活区：设置更衣室、值班室、办公室、会议室等用房。

对外服务区：设置发血室（设有与手术室直通电梯）、收血室、储血室、自体输血室、问询室等用房。血库包括解冻箱、冷冻室、吸收室。每个血库各设置 1 个。血库中的变量是冰箱，按每 50 床设置 1 个冰箱。

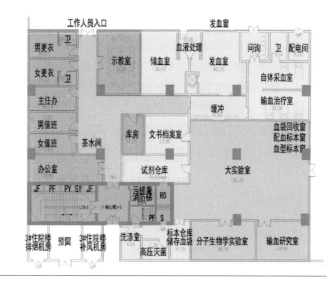

图 2-29　输血科平面布局图

5.7.8.2 流线设计

输血科应分区明确，流线独立，如图 2-30 所示。

血液流线：血液从血站运来，在收血室交接，运入储血室存储，在发血室发出。

患者流线：患者从病床梯到达，经问询处进入自体输血室。

工作人员流线：工作人员通过医梯梯到达，经更衣进入办公区，再经过缓冲进入实验室和发血室。

标本流线：标本经标本窗从外部送进实验室。

污物流线：污物从实验室送入洗涤室，经高压灭菌和洗涤后运往污梯。

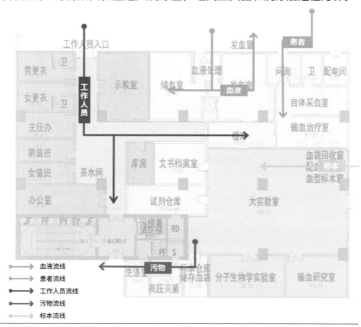

图 2-30　输血科流线图

5.7.8.3 设计要点

输血科的设计要点主要是分区明确，出入口互不干扰。洁净区、污染区、办公区之间通过缓冲间连接。收血、储血、发血、自体输血室为洁净区；大实验室、分子生物学实验室、试剂仓库、档案室、洗涤室为污染区；更衣室、值班室、办公室、示教室为办公区。

标本接收与污物出口属于污染物出入口，要远离血液接收和发放窗口及患者出入口。患者出入口设置问询处。工作人员单独另设出入口，尽量邻近医梯。

5.7.9 病理科

5.7.9.1 功能分区

病理科主要分为实验室、标本接收区和员工区。

从洁污分区上讲，员工区属于清洁区，实验室属于半污染区，标本接收区等属于污染区。

（1）实验室

病理科实验室包括接收区、组织切片室、染色实验室、荧光实验室、洗手工作区和样本保存区，以及紧急淋浴区，如图 2-31 所示。其中，组织切片每 20 床设置 1 个固定的工作空间，是整个实验室中最大的变量，其他房间均按照每个部门 1 个来设置。每个病理医师设置 1 个多头显微镜观测区。

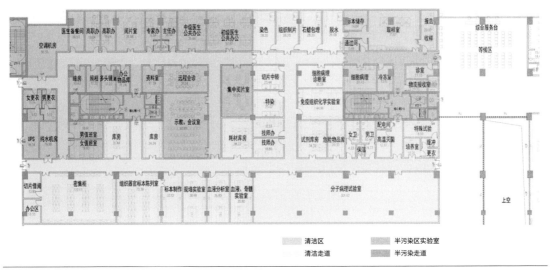

图 2-31 病理科实验室平面布局图

(2) 辅助区

辅助区包括复印、文件存储（抽屉式样本存储和通用存储）、男女衣柜、洁物和污物间，以及病患卫生间。

文件存储是区域内的变量，文件的存储可按每 100 床设置 1 个存储空间。抽屉式的样本存储，按照每 10 床所需的空间加上每个手术室 1 个抽屉乘以服务年限，进行设置。

男女衣柜按照全职男女员工数量乘以每人所需的面积，进行设置。

病理人员数量计算公式为：病理人员：病床 = 1:100 ～ 1:130。病理医生：总床位 >1:100 ～ 1.5:100 各医院在规划时可根据实际情况设置，计算时可取上限值以预留一定发展空间。

5.7.9.2 流线设计

病理科分区明确，流线独立，如图 2-32 所示。

医护流线：医护人员可通过专用梯到达医护生活区。医护生活区与实验操作区相邻，且相互独立。通过连接处的通过间到达各实验室。

标本流线：在邻近医疗街处的标本接收窗口接收标本后，按照取材、脱水、包埋、制片、染色的活组织病理切片检查或诊断流程，依次到达各实验室。

污物流线：污物可通过污廊直接运送到污梯，与其他流线互不干扰。

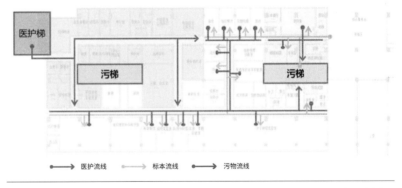

图 2-32　病理科流线图

5.7.9.3 垂直物流设计（见图 2-33）

手术中心标本送验：通过专用污物医梯及专属通道。

门诊科室标本送验：通过裙房范围公共梯区域内的专用医梯。

住院楼病区标本送检：通过塔楼的公共梯与医梯。

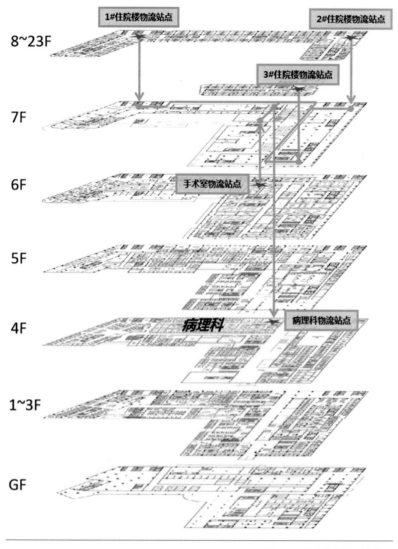

图 2-33　病理科垂直物流规划图

5.7.10 药房

5.7.10.1 布置要点

　　为方便患者取药，药房根据具体功能需求分设在各个楼层，如图 2-34 所示。

　　（1）西药库、中药库和输液库位于地下室负 1 层。

　　（2）急诊药房、儿科药房分设于急诊、儿科门急诊病区内。

　　（3）分层药房设置于裙楼各层正中心位置，方便患者到达和取药。

　　（4）一般在门诊大厅或医技首层设置专为门诊服务的中西药房。

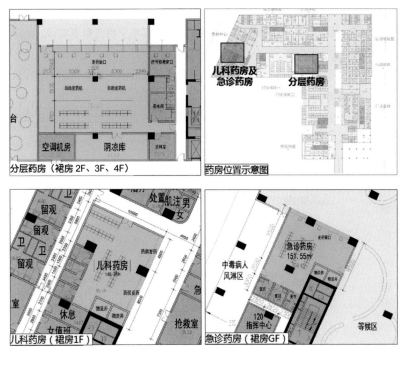

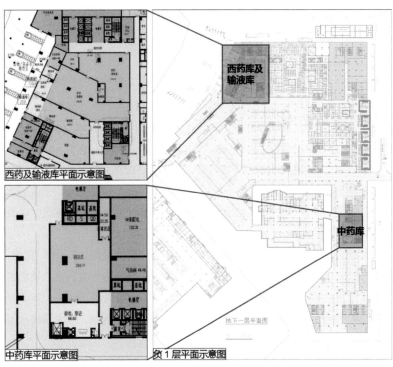

图 2-34　各层药房位置及平面布局图

5.7.10.2 **垂直物流设计（见图 2-35）**

（1）西药：通过下穿道路运送到西药库，由西药库通过垂直物流运送到急诊药房、儿科药房及住院药房，并由架空层通过水平结合垂直物流，运送到各分层药房及西药房。

（2）中药：通过路面交通，结合垂直物流运送到负一层，并由中药库反向运输到中药房。

（3）输液药品：由下穿道路运送到输液库，并由垂直物流直接运送到静脉配置中心。

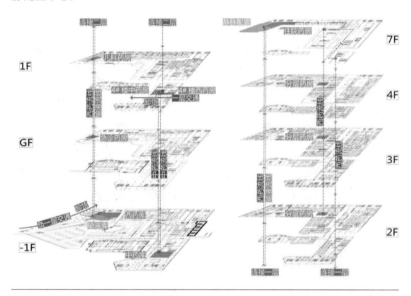

图 2-35 药房垂直物流动线图

5.7.11 内镜中心

5.7.11.1 **功能分区**

内镜中心主要分为公共区、诊疗区、污物区、医辅办公区、辅助用房，如图 2-36 所示。

公共区：设置一次候诊、二次候诊、VIP 候诊、手术家属等候区，以及卫生间、更衣室。

诊疗区：分为细胞室、动力室，胃肠镜诊疗区。分别设置 VIP 诊疗、胃镜、肠镜、ERCP，每个区域都设置消洗间、镜库、胃肠镜合用复苏室。手术区设 2 间应急手术室，与 ERCP 共用复苏室。

污物区：设置胃镜及肠镜消洗间、污物通廊、专用污梯、手术消洗、污物暂存间。

医辅办公区：设置更衣室、办公室、会议室、休息室等用房。

辅助用房：设置设备间、各类库房。

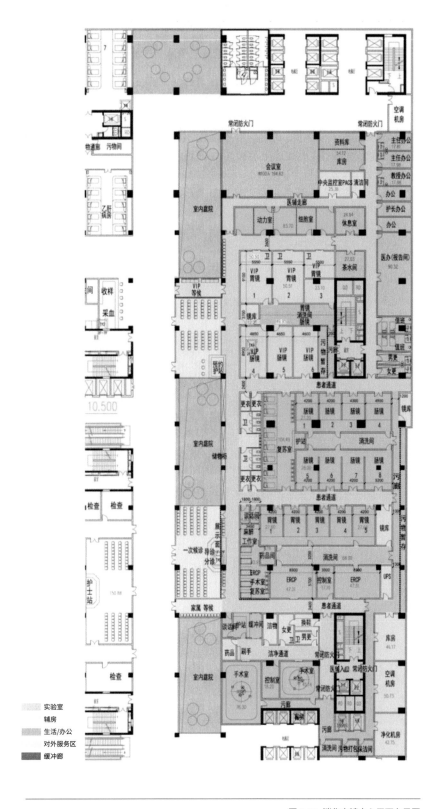

图 2-36 消化内镜中心平面布局图

5.7.11.2 流线设计（见图 2-37）

患者及家属流线：由医疗街进入候诊区。鉴于胃肠镜病人的特殊性，设置更衣间及卫生间。

医护流线：医护人员经医梯到达医护生活区。

手术医护流线：可分别由医辅区或者手术中心到达。

污物流线：洁污分离，清洗、消毒后的内镜由洁物通道运送至诊疗室或镜库；污物经打包，从污廊运至污梯。

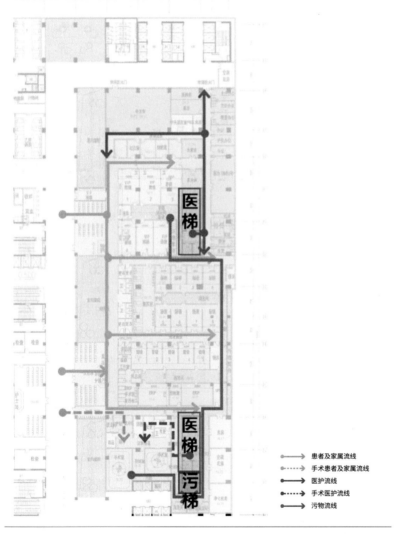

图 2-37 消化内镜中心流线图

5.7.11.3 设计要点

（1）不同部位内镜的诊疗工作应分室进行。如上消化道、下消化道内镜的诊疗工作不能分室进行的，应分时间段进行。不同部位内镜的清洗消毒的设备应分开。

（2）内镜的清洗消毒应与内镜的诊疗工作分开进行。分设单独的清洗消毒室和内镜诊疗室，清洗消毒室应保证通风良好。

（3）灭菌内镜的诊疗应在达到手术标准的区域内进行，并按照手术区域的要求进行管理。

（4）诊疗室内每个诊疗单位应包括：诊疗床、主机（含显示器）、吸引器、治疗车等，每个诊疗单位的净使用面积不得少于 20 ㎡。

（5）消洗间与所服务的检查室以等距离原则设置，以实现均等高效操作。

（6）出入口分开设置。

（7）复苏区居中设置，与检查室等距离。

5.8 重要临床用房规划

5.8.1 手术中心

手术中心在规划时最主要的是确定手术室的间数，一般按照 50 个床位 1 间手术室的比例来确定。如 1000 床的医院，按照上述比例计算，则需要 20 间手术室。然后再确定其中百级手术、千级手术、万级手术室所占比例。通常，还需要设置 1 间感染手术室。另外，部分大型综合医院会考虑日间手术、复合数字化手术、介入手术室、机器人手术室等。这些都要根据不同的规模进行细分，结合医院的要求和特色专科发展规划确定。

$$手术室数量 = 总床位数 / 50$$

未来，随着基层医疗的放开，大型医疗中心将侧重为危急重症患者提供服务。手术中心所承担的职责也会与之前有所不同。手术中心未来将开展更加复杂的、难度系数更高的手术，因而对于手术室的房间大小及手术室的类型都会有不同的需求。传统的手术室一般做到 30 ㎡ 左右，未来的手术因为参与的人员更多，先进的辅助治疗仪器和设备增加，以及远程会诊系统等的需求，对手术室面积的要求会有显著提升。如图 2-38 所示。

5.8.1.1 功能分区

手术中心主要分为限制区和非限制区，如图 2-39 所示。

限制区包括手术室、洁净库房、换床间、术前准备、术后恢复、谈话间等。从非限制区到限制区需要二次换鞋或缓冲；需要严格洁污分流，设洁净走廊和污廊。洁净走廊供医护以及病人以及洁净物品通过，污廊供污物通过；污廊要连通污梯，并设有污物暂存间和清洁物品存放间。

非限制区包括更衣室、办公室、会议室、值班室、用餐室等用房，不需要净化。

手术中心应分设医护和病人出入口，医护换鞋更衣进入，病人换床进入。应在靠近家属等候区的位置设置谈话间。感染手术室要设置独立出入口，设独立恢复室、洁净库房等，与手术中心连通的一端设缓冲间，供医护人员和洁净物品进出，如图 2-40 所示。

手术区需要有配套的洁净库房，放置一次性物品、药品、无菌物品、麻醉品、高价耗材、器械等。

手术中心取血室连通输血科、标本处理室连通污廊和病理科、中心配药连通药房和静配中心、无菌库房连通供应中心、专用医梯连通 ICU、后勤库房连通物流等。

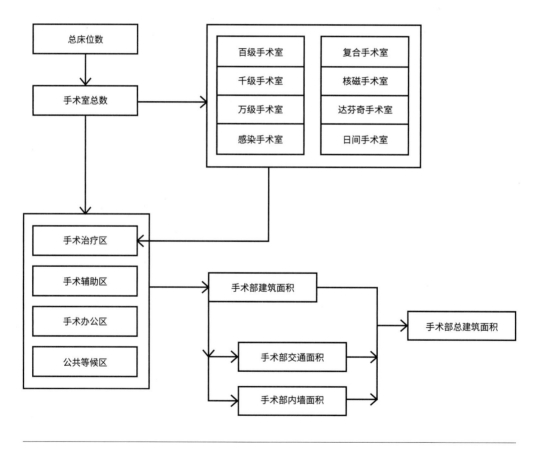

图 2-38 手术中心面积计算流程图

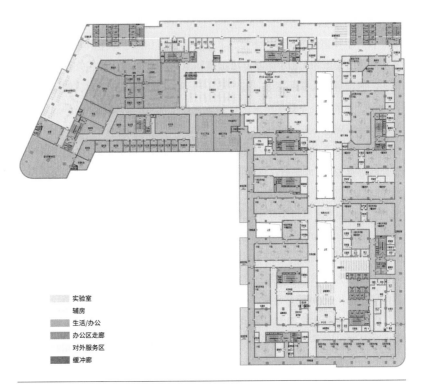

实验室
辅房
生活/办公
办公区走廊
对外服务区
缓冲廊

图 2-39　手术中心平面布局图

家属流线
患者流线
医护流线
污物流线

图 2-40　手术中心流线图

5.8.1.2 设计要点

（1）手术室分为Ⅰ级手术室、Ⅱ级手术室、Ⅲ级手术室。其中，Ⅱ级手术室常直接设置为Ⅰ级手术室，以提高利用率。心外科、神经外科、骨科、整形、眼科等为Ⅰ级手术室，妇产科、日间、口腔科、五官科、腔镜、普外等为Ⅲ级手术室。Ⅰ级手术室应尽量设置在干扰较少的位置，并通过缓冲区与其他区域隔离。

（2）普通手术室净面积在 40 ㎡ 左右较为合适。其中，妇产科、口腔科、五官科等宜为 30 ㎡ 左右，日间手术为 35 ㎡ 左右，骨科、心外科等至少需达到 45 ㎡。

（3）大型手术室种类较多。其中，杂交手术室（MRI、CT、DSA 三种类型）净面积 80～90 ㎡ 较为合适，若为 CT 与 DSA 双杂交手术室则需达到 120 ㎡，但这种情况较为稀少。杂交手术室还要设置控制室、机房、体外循环室等。达芬奇机器人手术室和数字一体化手术室较一般手术室面积更大，因为要放置特殊设备，65 ㎡ 较为合适。

（4）杂交手术室与骨科手术室需要做好防护工作，尽量集中设置在较为偏远的位置。

（5）骨科和整形等手术室需要较多器械，附近要有器械间；心外手术室要配有体外循环室，放置体外循环设备。

（6）Ⅰ级手术室一般为一拖一的净化空调，因此上方应正对净化机房；Ⅲ级手术室为一拖若干，可以不正对净化机房。污水管不可穿越手术室的屋顶和墙壁，手术室上方不可有卫生间等。

（7）大型手术中心因较难实现一步到位地运行，因此要考虑分期开放。

表 2-21 某手术中心采用机器人物流的面积统计

类型		净面积(㎡)	面积小计(㎡)	比例
房间		—	8834.98	49.44%
交通	水平交通	5689	7439	41.63%
	垂直交通	1750		
非使用空间		—	1596.02	8.93%
总计		—	17870	100%

通过表 2-21 可以看出，手术室的交通面积占整个科室面积的 41.63%，比常规手术室中 40% 的交通面积系数要高。其中，主要是污物通道的宽度造成的面积差异，为 17870×1.6%=285 ㎡。

未来，大型手术中可能会采用机器人等物流手段来减少人力工作，提高效率。按照中国手术室规范，需设置单独的污物通道。AGV 机器人通道供污物运出手术室，并转运至污梯。传统的污物通道仅为 1.6m。AGV 机器人主通道宽度为 2.6m，以满足 2 个机器人相互交错的空间。次干道宽度可设为 1.8 ～ 2.4m。AGV 机器人通道的宽度将增加手术中心交通面积。

需要注意的是，如果机器人通道设置在建筑外围有柱子的部位，特别是高层建筑，其柱宽达 1m 时，局部区域要满足机器人通过，可能需要增加更多面积。这时，要结合高层住院楼病房区的布置，统一考虑柱子的大小和排布方向，使房间使用更加合理，同时减小通道的宽度。目前，使用机器人物流的医院通常为大型医疗中心，手术室数量为 20 ～ 40 间，其污物通道达 200 ～ 300m。如果宽度增加 0.5m，交通面积将增加数百平方米。如何有效地利用这部分面积也是一个新的课题。因为根据相关统计，手术中心的水平交通面积可能会达到总面积的 35%，垂直交通的面积占到总面积的 10%，实用面积只有 55%。

5.8.1.3 流线设计（见图 2-41、图 2-42）

对于是否在手术中心设置污物通道的问题，我们与国外医疗工艺师也做了深入讨论。在传染病医院的设计中，手术室有洁净物品的通道，患者和污物都从另外的通道进入。而在普通的手术室中，患者、医务人员和洁净物品是从同一通道进入，污物从另外的通道进入。这样的设置意味着在不同的手术室中执行了不同的标准，医务人员可能需要适应不同场景下的不同规则。建议在所有的手术室设计中统一标准，保证医务人员在到达不同的环境后，仍能按照统一的标准快速对空间进行识别，将更多的精力投入到为患者服务中去，而不会因为空间的设置差异而产生时间上的耽搁。

目前，我国手术室按照洁污分流、医患分流的原则进行设计，洁净物品和污物分别设置通道。这样导致的问题是污物通道通常会围绕整个建筑外部一圈才可以到达各个手术室，并存在以下几个问题。

一是污物通道导致建筑设计出现死角，很多位置不可到达，同楼层不同区域无法连接，建筑功能不宜布置等问题。

二是随着我国医院规模逐渐扩大，手术室的数量也逐步增加。手术室内部的设置产生主干道、支干道等一系列的交通，导致空间面积的增加。

三是大量的外部走道遮挡了房间的通风采光，导致手术室能耗增加、空间封闭等问题。

国外的通常做法为：手术室只设置 1 个洁净物品运输通道，即 Clean Core（洁净间）。Clean Core 是一个扩大的走道，位于手术中心中央，可将洁净物品送到每个手术室。同时，洁品间和供应中心与洁净库房直接连通，以保证物品到达的洁净。其他污物的收集打包、患者通道及医生通道都另外设计一条通道，减少公共交通的面积。

我国相关法规考虑更多的是我国清洁人员的素质和清洁水平达不到相应的标准，那么是否可通过对医务人员、清洁人员的培训或提高其他激励措施等来解决上述问题，值得思考。

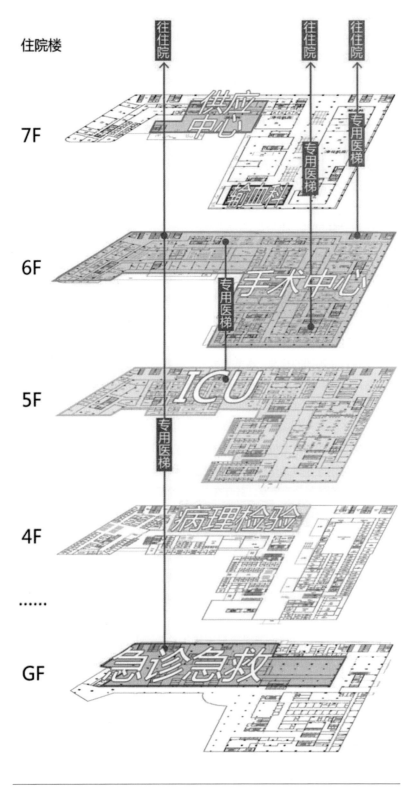

住院楼

往住院 往住院 往住院

7F 供应中心 专用医梯 专用医梯 输血科

6F 手术中心 专用医梯

5F ICU 专用医梯

4F 病理检验

......

GF 急诊急救

图 2-41 手术中心人员垂直动线

住院楼

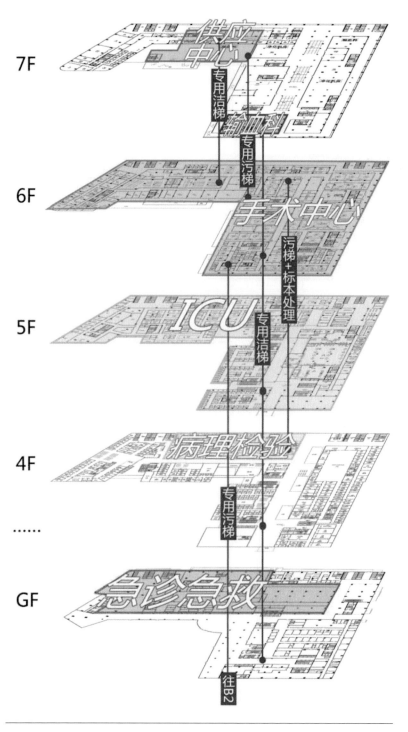

图 2-42 手术中心物品垂直通道

5.8.2 介入中心

介入中心以住院部病患居多，主要包括肿瘤中心病患、胸痛中心及脑科中心病患、妇科中心病患。介入中心通常与骨科中心、胸痛中心、脑科中心的门诊同层布置。

介入中心一般在首层急诊急救中心设置 1 间 DSA 杂交手术室，以进行紧急救援。大型医疗中心的手术中心会设置 1 ～ 2 间 DSA 杂交手术室，其中 1 间预留。介入中心内的设备通常根据门诊和住院床位数设置。根据《综合医院建筑设计规范》第 3.2.1 条规定：日心血管造影机台数可按年平均心血管造影或介入治疗数 /（3 ～ 5 例 × 年工作日数）测算。

5.8.2.1 功能分区

介入中心主要分为洁净区、医护生活区、公共区、污染区，如图 2-43 所示。

洁净区：设置病患更衣室、换床间、护士站、苏醒室、洁物库、仪器库、手术间等。

医护生活：设置男女更衣室、医生办公室、技工休息室、主任办公室、护长办公室、示教室、铅衣存放等。

公共区：设置家属等候、护士站等。

污染区：设置器械回收廊、空调机房、污物暂存间及污洗室。

介入治疗用房应自成一区，洁净区、非洁净区应分设，应设心血管造影机房、控制室、机械间、洗手准备、治疗室、更衣室和卫生间等用房；可设办公室、会诊室、值班室、护理和资料室等用房。

防护应根据设备要求，按现行国家有关医用 X 射线诊断卫生防护标准的规定设计。

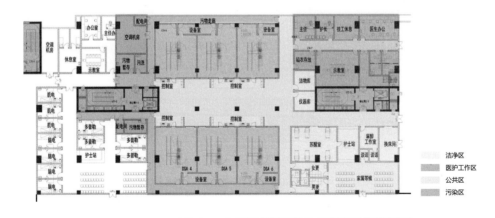

图 2-43 介入中心平面布局图

5.8.2.2 流线设计

介入中心分区明确，流线独立，如图 2-44 所示。

患者流线：患者通过公共医疗走廊进入科室内部，可通过更衣间或换床间进入洁净手术区。

医护流线：医护人员可通过专用梯到达所在楼层后进入医护生活区，再通过内部走廊经过更衣、换铅衣、刷手之后进入手术室。医护与病患的入口相互独立。

污物流线：污物通道连接每间手术室，污物统一回收，初洗打包后通过污物电梯运出。

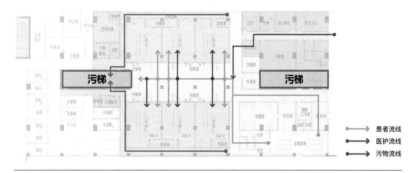

图 2-44　介入中心流线图

5.8.3 血液透析中心

进行血液透析的病人主要是肾病及肝病患者构成，因此血液透析中心可以与肾病、肝病内科，或肾病、肝病护理单元毗邻设置，按照相关规范进行设计及规划建设。肾病内科门诊、肾内科病房结合设置，最好在同一栋楼的上下层，电梯可直达，方便住院病人到达血液透析中心就诊。

5.8.3.1 功能分区

血液透析中心主要分为污染区、半清洁区、清洁区，如图 2-45 所示。

污染区：包括阴性治疗区（70 床），过渡治疗区（8 床，位于中部），阳性治疗区（22 床）。可根据使用需求划分为丙肝、乙肝、梅毒病房等，以及诊疗室、清洗室、污物暂存等。

半清洁区：包括相关功能与职能的重要衔接部分，起到防止污染扩散、交叉感染等重要作用。通常包括水处理间、配液供液、治疗室、检验室、病人更衣室、卫生间，候诊区等。

清洁区：包括医护办公室、储藏室、资料室、休息室、更衣室、卫浴间等。

5.8.3.2 平面布局

一个治疗单元宜设置 10 张病床，便于看护。各个治疗区设置单独的洗手池，而不需要设单独卫生间。穿刺、抢救需紧邻护士站，方便操作。穿刺同时为阴性、阳性病人服务。阴性治疗区属于污染区，护士站、诊室分开设置。阳性治疗区依据实际需求，无须设置护士站，仅设置诊疗室。

过渡区：尚未确定病人是否有感染性，设置在中间位置，方便向阴性或阳性治疗区转移。

一次候诊区：不分阴性阳性，一同候诊。但是，病人卫生间应区分 HBsAg 阴性与 HBsAg 阳性。

中央供液、水处理：有一定的洁净度要求，需远离污染区。水处理间面积应为水处理机占地面积的 1.5 倍以上。

干库、湿库、总务库：需同时靠近治疗区，方便相关物品的取用。

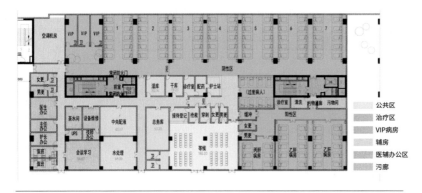

图 2-45 血液透析中心平面布局图

5.8.3.3 流线设计

血液透析中心应流线明晰，做到医患、洁污物品流线不交叉，如图 2-46 所示。

患者及家属流线：阴性及阳性患者分别通过各自的更衣间进入治疗区。

医护流线：医护人员可通过专用梯到达医护生活区，可方便达到库房及阴性治疗区、VIP 治疗区，经过缓冲间可到达阳性治疗区。

污物流线：污物均在东侧污梯集中打包运送，减少对其他空间的影响，特别是保证远离水处理、库房等区域。

5.8.3.4 设计要点

（1）位置选择为住院病区或是门诊区域。

（2）医护办公区需兼顾非传染透析区以及传染透析区。

（3）对水处理及配液的要求高且用量大。

血液透析中心作为一个相对独立的单元，内部功能完善，因此在医院内部多选址在病区。设置在病区可远离门诊、医技区域，外部环境较为安静，对重病患者或患有其他较为严重的并发症的患者的治疗比较有利，医护人员观察抢救患者更为便利、高效。

随着时代的进步，现代综合医院的医疗理念主要体现在如何合理、高效、综合地利用医院内部资源。因此，也可将血液透析中心设置在门诊区。因为血液透析患者治疗过程中常需要使用相关的医技辅助科室，开展超声心动图、床旁心电图、生化检验、B超、X线、细菌学和血气分析等相关检查，需要麻醉科、重症监护室、内科及急救等医疗、技术支持。

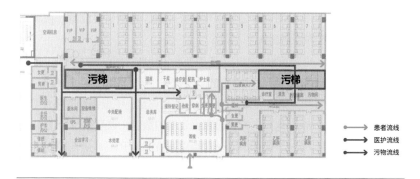

图2-46 血液透析区流线图

5.9 重要配套用房规划

5.9.1 餐厅

餐厅包括食物准备区、备餐区、售卖窗口、就餐区、碗碟清洗区以及员工辅助区。

食物准备区包括各种储藏空间，如冰箱、冷冻柜，这些都按照每个座位一定面积对应所需储存空间计算。

备餐区包括烹饪厨房、饮品、冷菜、热菜以及餐具的部分。按照每个备餐区需要的单位面积进行计算。

售卖窗口包括自动售卖机和其他售卖设施。按照每100个床位1个的标准设置就餐区域。就餐的空间按照每3个床位作为单位进行计算。

碗碟清洗区包括污物收集、碗碟清洗、垃圾贮存、洁具等，还有后勤保洁的区域。污物收集按照每100个床位1个设置。洁具的储藏可以按照每20个床位1个进行设置。碗碟清洗区域和垃圾储存区域，按照单个空间一定面积进行设置。

除员工的办公收银区、卫生间和保洁更衣室需要按照员工的个数进行设置以外，其他都需按标准进行设置。

5.9.2 太平间

太平间包括缓冲间、停尸间、尸体解剖室以及后勤保洁区，还有员工的更衣室、卫生间、淋浴间。除停尸架外其他的均按照单个房间最低单位面积进行设置。

5.9.3 办公区

办公区包括各类办公、会议和其他辅助区。办公区包括前台、接待室、信访办、医院办公室、市场部、医务部、护理部、继续教育和科研处、感染办公室、医保办、人事处和老干部处、基建处、纪检审计处、财务处、单位办公室、工会、团委、书记办公室、院长办公室、副院长办公室，按照每100 个床位单位面积进行计算。

院长和副院长办公室根据国家关于干部办公标准的面积进行计算。院长办公室数量根据医院的规模做相应调整。

另外，还有各种类型的会议室，包括小型会议室、中型会议室和大型会议室。分别按照 100 个床位的规模设置会议室的数量，以及小型会议室 60 ㎡， 中型会议室 180 ㎡进行计算；大型会议室按照每千人 1 个 500 ㎡的会议室设置。

员工辅助区包括值班室、员工工作室、库房、保险室。这些房间分别按照单个房间一定面积进行计算。员工的休息室和卫生间按照员工的数量进行计算。

6 大型养老机构的规划

在整个医院、生命健康城或康养小镇的建设过程中，第一步都是设立项目的总体开发计划。在开发计划的搭建过程中，由于我国之前地产的开发建设速度较快，许多开发单位对医院的开发、建设周期了解不够，给予时间不足，可能会导致设计时间和建设时间不足的状况。

在制订开发计划的过程中，确定运营方是一个关键环节。设计院可以先做框架的设计，但是涉及医疗工艺一级、二级流程的推进必须有运营方参与。如果前期没有确定，后期可能还要进行反复大量的修改。无论是规划开发的内容，还是规划开发的时间，最终都要取决于运营单位。开发单位和运营单位的高效性、决策力的快慢、运营方式、对常规模式的突破，都是整个项目开发的关键因素。选择好的运营方对于开发方来说至关重要。

6.1 运营单位

医院存在运营方。房地产的开发销售对象是住房的购买者，销售之后，住房购买者承担所有的装修、维护责任；而医院是有运营主体的，如果开发单位不具备医院经营的能力，可通过以下方式尽快搭建运营团队。

（1）与国内知名的医院运营单位和团队合作。

（2）请国际医疗团队进行管理，再寻找国内运营团队支撑。此模式中，国外团队一般是输出运营和管理方案，具体实际操作还需要国内医师承担。

（3）院方自己建立团队。这需要较长时间的准备与磨合，包括标准的制定、团队架构搭建和人员培训等。运营团队在医院前期的规划中参与讨论，避免后期反复。

每一家运营单位，其专科特色、地域模式及管理方式都不相同，需要经过充分的讨论和认证，才能够确定相关设计的细则。在前期加快建设速度的方法是先设置医院住院、门诊、医技的部分，再对后续的医技流程和医疗工艺设计进行充分的讨论，以避免在装修时大量反复地修改。

6.2 设计内容

如果是大型健康社区，内部存在医疗、养老、学校等各种不同的业态，而这些业态往往存在相互支撑、规模匹配的关系。在总体规划中，最重要的是对开发内容进行明确，也就是精准规划。特别是大型的康复养老社区，养老公寓不仅是住宅，还需要相关的配套。其中，包括老年人的公共活动区域、休闲娱乐区域、老年大学、图书馆和信息文化中心等设施。

这些是养老建筑不可缺少的部分，否则就无法形成有活力的社区。当然，在养老产品逐步升级的过程中，我们也了解到，一个真正具有活力的健康生命城，是将青年、老年以及幼儿设施一并设置的，维持全年龄段活跃的社区。老人在社区当中依然可以与家人团聚、照顾儿童，并且与自己的子女有交往，只是居住在不同的地段。

新的规划需确定总体规划和医院单体设计。医院一般是在整个大型社区当中才会按照每千人 4 床的标准设置。如果社区整体规模达到 1 万张养老床位，那么可以设置适合的医疗机构。大型养老社区正在不断发展，未来将有30% 的老人可能成为全失能、重症，或者是重大病之后需要康复照顾的，那么，大约需要 300 个介入护理和介助床位，如果健康小镇规划 2 万～ 3 万的养老住户，则可以设置 500 ～ 1000 床的三级甲等医院。

郊区型医院的设计偏重考虑整个社区的医疗需求，很多大型社区在开始建立的时候，前期可能长达 10 余年都无人居住。这时，要引入外部普通综合医院的创制人群是非常困难的。还有一种方式是建立康复型医院，成为市区内其他大型医院手术后的康复患者的承接单位，这时需与相关的市区医院做好前期的运营计划，并组织建立项目运营单位。

在更大型的社区当中，如果有规模较大的医院，通常也可以与医学院或护理学院结合设置。这种设置当中，医学院和护理学院可以为医院提供医护人员，同时为整个养老社区服务，形成良性循环。同时，护理学院的学生所带来的相关商业及就业机会比较多。在社区内要配套相关的商业和服务业，为医学院和护理学院的学生及家长服务。

6.3 设计周期

对于医院来说，如果接近 1000 床，规模将超过 10 万平方米。其方案设计、初步设计和施工图绘制一般至少需要 3 个月。医院大约有 700 个不同类型的房间，相较于住宅 5 个不同的房间和简单的家具布置，复杂程度不能相提并论。医院前期设计的时间需充足。在这个过程中，需要开发管理方、运营方和设计方进行多轮沟通。由于国内各场地条件非常复杂，要求也不相同，所以即使是在设计方对常规门诊、住院有非常明确清晰概念的情况下，每个设计所产生的问题也各不相同。由此引起流程的规划、修改也需要较长的时间。前期方案需要与使用方大量沟通与反复确认，医院的各个科室，特别是主要专科的设计、地上地下流线的组织、配套服务设施的配置等，即使有经验的设计单位可以较快地做出一个相对完善的方案，也需要得到使用方的认可。

使用方、运营管理方通常会由于某些理念上的不一致而导致整个进程的推进相对缓慢，所以需要强有力的决策层进行项目的讨论，形成统一行动指南。

6.4 方案设计的内容

除了常规的建筑场地、空间和造型的设计，医养建筑要更注重医疗工艺流程的规划和推敲（见图 2-47）。

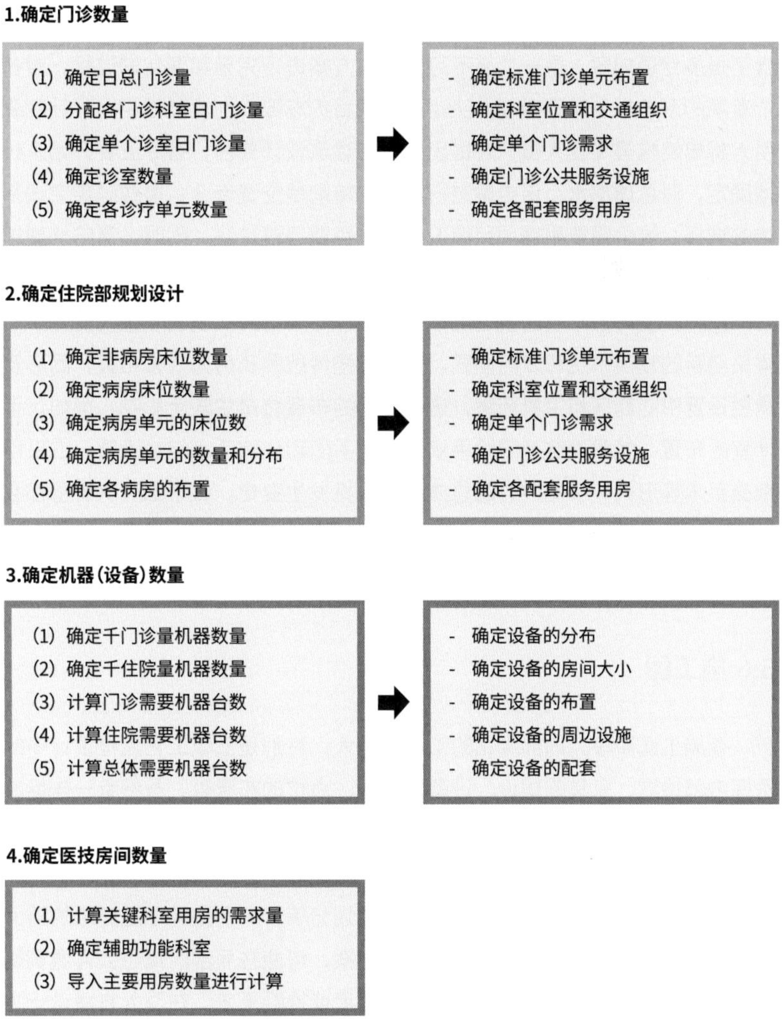

1.确定门诊数量

(1) 确定日总门诊量 (2) 分配各门诊科室日门诊量 (3) 确定单个诊室日门诊量 (4) 确定诊室数量 (5) 确定各诊疗单元数量	- 确定标准门诊单元布置 - 确定科室位置和交通组织 - 确定单个门诊需求 - 确定门诊公共服务设施 - 确定各配套服务用房

2.确定住院部规划设计

(1) 确定非病房床位数量 (2) 确定病房床位数量 (3) 确定病房单元的床位数 (4) 确定病房单元的数量和分布 (5) 确定各病房的布置	- 确定标准门诊单元布置 - 确定科室位置和交通组织 - 确定单个门诊需求 - 确定门诊公共服务设施 - 确定各配套服务用房

3.确定机器(设备)数量

(1) 确定千门诊量机器数量 (2) 确定千住院量机器数量 (3) 计算门诊需要机器台数 (4) 计算住院需要机器台数 (5) 计算总体需要机器台数	- 确定设备的分布 - 确定设备的房间大小 - 确定设备的布置 - 确定设备的周边设施 - 确定设备的配套

4.确定医技房间数量

(1) 计算关键科室用房的需求量 (2) 确定辅助功能科室 (3) 导入主要用房数量进行计算

图 2-47 方案设计的主要内容

6.5 初步设计

方案设计主要是确定工艺流程中的一级流程，对各个科室的位置、总体的交通核心与各个科室之间的关系、洁污分流、医患分流等大的功能区域设置做确认。初步设计阶段将会涉及机电等专业介入之后房间的完整定位，以及部门内功能关系之间的合理性，各系统介入后产生的一系列调整。初步设计有很多专项，如净化工程、核磁、屏蔽、污水处理、智能化、信息化和物流系统等的设置。

初步设计的时间必须保留。很多单位认为，工期紧张的情况下可以在形成方案之后直接进入施工图阶段，这是错误的。因为医疗建筑的初步设计包含了很多专项内容，是一个必不可少的对方案进行完善和深化的过程，对各个专项的系统规划和选择往往决定整个项目的成败。在此过程中，设计院要引入机电结构等专业人员，并提出相关的建筑设计条件，各专业要开始系统地确定，对总体用水、用电量进行测算。特别是空调专业，需要确定空调系统的选择，这个需要根据项目情况定位，也要经过论证。同时，需结合建筑图纸反映设备用房、管井位置和大小，并根据方案进行调整。

例如，使用自动发药机之后，药房的总体布置方式发生了重大变化。如果采用新的物流系统和发药模式，就不能按传统的药房方式去布置，而必然需要设置中心药房和卫星药房，这对楼层的布置会产生较大影响。再如，手术室的布置，如果确定了门诊手术、日间手术和住院手术结合设置，或采用杂交手术等形式，手术中心的总体布置也将发生变化。每个细节的调整都会导致布局的整体改动，所以方案要经过数十次的调整才能将相关的问题考虑周全，并得到各方认同。

6.6 施工图

在施工图阶段，内部深化的工作量很大，特别是三级工艺流程设计中的房间内部设置、家具的摆设、设备的安排、点位的布置等。虽然有一些标准的布置方式，但是医护人员也会有自己使用上的特殊需求。这些调节的细节非常多，也涉及建筑、机电、智能化和装修之间大量的协调工作。

同时，由于消防的要求、防火分区的划分等，特别是地下室复杂的防火分区以及医院人防的设计，对于前期的方案，可能在局部区域也会再做调整和修改，导致很多工作可能需要再深入思考或推翻重来。在深入方案设计之后，对于更多细节的讨论，如工艺流程中的洁污分流和流线的组织和到达等，都会再次影响到整体建筑方案的调整和优化。

6.7 施工图审查

　　如果整个项目需要确定开工的时间，那么必须明确三个设计阶段的时间。其中，方案设计和施工图审查的时间具有不确定性，而初步设计和施工图设计的时间是相对可控的。由于医疗建筑自身的复杂性，很多审图的人员自身并没有参与过医院建筑的设计，对其特殊的功能、工艺、布局有很多不明确的地方。同时，由于医院的做法与普通消防要求存在很多不同的地方，如使用气体灭火而不是普通的喷淋系统；很多由于洁污通道的要求而设置的紧急消防门窗，从消防的角度看，都是存在争议的地方，因而需要多次沟通和协调；特别是大型医院，需要大量的、多次的沟通，至少要经历两轮以上的修改，因而整体审批的时间往往过长。

第三章　医疗设施造价规划

1 精准规划造价的意义

由于医院功能规划和技术的复杂性，造价系统也特别复杂。在前期进行投资估算的时候，需要对造价进行初步判断，以便明确整个工程投资的大致范围。下文将为大家介绍如何在前期阶段就做到较为准确的造价估算。

医院造价的组成部分比普通住宅、商业及办公楼要复杂得多。住宅的开发通常只是毛坯，没有复杂的机电系统和装饰装修，根本不存在净化工程以及复杂的空调系统。医院还有手术、放射、透析、检验等特殊用房以及污水处理、智能化物流、氧气和负压吸引、信息化等医疗附属工程和系统。

前期较为准确的造价估算是一项非常有意义的工作，在代建制日渐盛行的情况下，无论是政府还是建设方，都将会更加严肃地去控制整体造价以保证投资的高效性。在这个过程中，使用 BIM 系统手段进行精准设计和造价把控，在后期显得极为重要。但是在前期规划阶段，需要明确相关的指标要求以及精准的定位，才能为后面的发展奠定基础。

（1）可以帮助甲方尽早知道项目所需的投资额。准备充足的资金或尽早做好融资规划，确保项目按计划开发。

（2）在大型项目开发过程中，可以有效地控制建设内容、面积和规模，以节约成本，把有效的资金投入到最为需要的开发中去。

（3）使参与建设的各方在设计和施工过程中，把控好相关环节，避免反复修改设计以及返工造成的浪费。

2 精准规划造价的主要内容

关于医院建筑造价估算的误区，主要来自于对医疗建筑的不了解。另外，造价一直是一个敏感话题，而医疗建筑的复杂性让其造价变得更加讳莫如深。但是随着信息化、大数据的快速发展，未来的一切将会变得更加透明。当数据的积累越来越多，BIM 模型使用越来越广泛的时候，人们对于各个区域不同的造价水平和人工费用的测算将会更加系统化，那么对于医疗成本的控制定位能够更加精准。

许多之前从事普通房地产开发的投资商想转型医疗设施开发，在不了解医疗设施之前，会把医疗建筑与其他住宅建设经验关联而作出错误的假设和结论。医院建设所包含的细节及其复杂度，是普通住宅完全无法比拟的，需要对相关项目管理人员及决策人员进行培训，使其了解医院造价的构成，以避免因投资和决策失误而造成后期工程质量等一系列问题。

2.1 医院建设投资包含的内容

医院的整体投资中包括建筑成本的造价、设备和家具的造价。建筑成本通常指建安成本，不包含设备和家具，而设备在医院的建设过程中又占据了较大的比重，特别是 CT、MRI、DSA 以及肿瘤医院经常使用的直线加速器和 PET/CT 等，都是动辄几百万元、上千万元的昂贵仪器，重离子设备单个甚至可达到上亿元的造价。

2.2 合理控制单位造价的方法

如何控制医院投资造价是整个项目最重要的问题。对于这个问题需要明确两条线，一是上线，二是下线。上线是控制整个项目的品质和定位，提供给不同类型的患者不同的服务，保证医院总体资金之间的平衡关系。下线确定了建设一个设施齐全、功能完备、具有一定先进性的医院所需要的最低造价。

例如，某开发项目由于整体投资的紧缩，建设方希望压缩投资额，但要保持规模不变，要求医院做到建安成本 5000 元 / ㎡。按照 2019 年市场的估算，在设计严谨合理，后期施工没有过多反复的情况下，建安成本至少应在 6000~7000 元 / ㎡。这是一个相对较为经济的数值。在深圳、上海等一线城市，医院的造价已经达到每平方米 8000~9000 元甚至上万元的标准。但是这和西方国家按照平方英尺计算的工程造价仍相差了 6~7 倍。

造价估算过于紧缩，必然会影响到建筑的整体品质，很难建成一个设施齐备，能够为患者提供足够需求及舒适度的医院。如果一个综合三甲医院建设的指标只有 5000 元 / ㎡，即使在非一线城市，人力成本和材料成本都不高的条件下，除了满足基础结构装修之外，也无法进行智能化、信息化或先进物流系统的设计。更不用提一些依赖于科技先进性的人性化设施，所以很可能导致医院还没有建成就已经落伍了。

医院建设前期的策划定位，估算过程中的缺项漏项，特别是对医疗附属工程以及大型医疗设备和净化房间装修估价的缺失，以及不合理的定位或细化程度不够，常常导致后期整体工程中由于前期决策失误而造成种种无法弥补的问题。

医院以满足功能需求为第一位。在整体造价确定之后，对于装修费用以及外立面造价的控制就显得极为重要。在合理选择外立面用材以及保证室内装修效果的条件下，尽量通过设计的手段去减少大量昂贵材料的堆砌和使用。

2.3 通过合理分期规划，使资金得到充分合理使用

本部分结合襄阳市中心医院在东津新区的医疗中心实例进行阐述。

襄阳市中心医院位于湖北襄阳市老城区，是一家具有悠久历史和雄厚医疗技术力量的三级甲等医院，为周边地区包括湖南部分居民提供医疗服务。经过多年的发展，医院已达到最大服务容量。由于医院在各个领域所拥有的专业技术人才，吸引许多患者慕名而来，床位供不应求；而城市规划对于襄樊古城高度和密度的限制以及有限的停车位，使医院目前的规模不能满足日益增长的医疗需求。因而，襄阳市在开发东津新区之始，决定新建一个不仅可以分担市区医院的压力，为新区居民提供便捷的医疗设施，同时还可作为鄂西北全科医师培训基地，满足湖北文理学院2500名学生的教学实习，以及600~800名高级专业人员工作交流的科研学术中心。

襄阳医疗中心整体规划规模45万㎡，总床位数3300张。这么大型的医院，不可能在建成后一次投入使用。过大的建筑面积，会存在管理及安全上的隐患问题。特别是在气候潮湿的地方，容易生霉。如何选择一期需要建设的部分是一个关键问题。

Step 1：问题分析

在设计之初，我们不断思考和研究，发现传统大型医疗中心存在以下突出问题。

（1）医疗中心由于发展时间长，零星开发导致各功能组团之间联系薄弱，流程不明确，患者就医流线长，管理不便等问题；

（2）医疗中心各部分建筑的设计在不同时间开展，未考虑将来功能变化，或高科技引入需要预留的条件和灵活度，导致在改扩建时大量修改，造成人力、物力的浪费；

（3）由于整体规划和细节设计上的缺陷，给患者在就医和使用过程中造成种种不便。

针对以上情况，我们希望通过引入创新的设计理念和技术手段来创造一个别具特色的现代型医疗中心。通过详细规划医院的长期发展目标，实现一次性规划、分期发展、灵活高效地应对患者的不同需求和医院在不同时期、不同条件下对建筑空间和使用功能的需求。同时，我们借鉴西方医院设计理念，以为患者服务为核心，通过合理科学的设计缩短病人行走距离，在某种程度上缓解病人的压力和痛苦，使就医变得更加轻松愉快。改善医院就医环境，从人性关怀的角度来深度挖掘和探索医院设计的新概念。

Step 2：需求分析

整个医疗中心会经历若干年的发展、变迁，由于医院主要靠自筹资金，而新区未来发展的趋势也不是十分明确，因而整个医疗中心实行统一规划、分期建设就显得更为重要。通过和院方沟通，我们确认分期建设的指导思想

是：在资金有限的情况下，在一期把医院的核心治疗区域建设起来，保证医技各功能科室之间的合理关系和流程，避免将来的重复建设和改扩建工程中迁移大型设备等造成的大量浪费，场地布局形式以一期为中心，逐步向两侧发展，使扩建对医院的正常运转不产生影响。

一期建设规划 1000 床，完成门诊医技楼以及一栋住院楼的土建工程，形成医院的整体形象。二期工程在 5~10 年内逐步增加门诊医技科室的开放量和仪器设备的投入，同时住院部发展成 2000 床的医疗中心。结合周边地区的发展，增建高端诊疗、康复中心、教学实习以及培训中心。三期工程在 10~20 年内逐步发展到 3000 床，不断引进各种先进的技术设施和软件，并完成人员的更新换代，成为具有规模效应的区域医疗中心。

Step 3：解决方案

分期规划建设的方法是：在一期对完整的门诊医技进行规划建设，同时建设了一栋 700 张床的住院楼，在后期的开发过程中再不断增加住院楼的建设。前期一次性建设的门诊医技，保持了其功能的完整性和流程的合理性。在前期开放使用的时候，办公科研、教学培训等功能可以在门诊单元之内消化。这就要求单元的设置具有良好的灵活性和应变性，在满足自然通风、采光、交通组织的合理高效之外，还可以适用于不同功能的转变。

在保证整体功能合理的条件下，先进行基本的框架建设，再逐步开展装修是一种科学合理的方法。因为医院各个功能部分之间的相互关系非常紧密，特别是医技部分，手术中心、ICU、供应中心以及急救之间合理的流线关系是整个医院的核心和生命线，必须在最开始的时候就搭建好，否则在将来的改扩建和使用上会出现很多问题。

Step 4：难点解析

医院建在新区，周围原本规划的建设因为政策原因突然停止，医院瞬间变成了一座孤岛。市区的患者到达医院非常不方便，周边新建的社区又没有居民入住，医院的运营面临巨大的考验。对此，我们提出以下建议。

（1）把老院区的肿瘤和重点学科搬到新区，以吸引更多患者来新区就诊。利用新区土地资源和面积大的优势，新建肿瘤中心，设置先进的 PET/CT、ECT 等设备仪器，创造舒适的就医环境，组织专家每周定时到新区医院问诊。

（2）把老院区的一些办公和辅助用房搬到新区，老院区改造出更多门诊医疗用房，方便患者就诊。重病、需要长期住院的患者搬到新院区，居住条件和服务更好，使新老院区的资源得到合理利用。

（3）与其他社会资源合作，发展康复养老、妇产月子中心等衍生服务，提高新区设施的使用率和入住率，不断提升医院的服务品质和口碑。

（4）开设新老院区之间的班车，为患者和医护人员提供便利的交通条件。新院区提供免费停车服务，让更多行动不便的患者乐于到新院区就医。

这样的措施帮助医院度过了最艰难的前期，随着新区逐步开发，医院将会进入良性循环。

另外一种模式是把框架先搭好，再分期去装修，也可以保证功能规划的合理性。因为内装费用相比基础结构部分是较高的。在这个过程中，做好管线的预留以及交通核心的设置，然后再根据使用的需求逐步开发，是一种可行的方式。

3 精准规划造价的影响因素

3.1 场地设计

场地设计对前期整体规划中项目工程造价的影响主要体现在土方的开挖量以及建筑整体的布局上，特别是对地形比较复杂的场地影响较大。因为公立医院建设的公益性，目前很多公立医院都设置在地势高差较大的场地上，有些场地高差达到 50m，而贵州等山区可能达到 70m。合理利用这些高差进行设计是节约整个工程造价的重要方面。

早期医院设计存在一些误区，认为医院就应该是一个大平地，这样才能通行无阻，因而无视场地的高差，把整个山体全部挖平改造去进行设计，并没有合理地利用资源。实际上，医院需要很多不同的出入口，包括患者的到达、医生的到达、洁物和污物的运送出入，都需要进行合理分流。利用地形高差，将不同的人流、车流进行组织是充分利用地形的一种方式。在这种情况下，可以减少土方的开挖量。

下面我们将以深圳市罗湖区中医院莲塘分院为例，进行阐述。

在深圳市罗湖区中医院莲塘分院场地设计中，场地面积仅为 7 万㎡，高差达 50m。如果把整个场地铲平，就需要搭建较高的挡土墙，而且会让建筑与周围的环境脱节，场地与道路无法进行合理的衔接。我们的设计是希望和山体结合，将场地分为三个不同的台地出入口：主入口广场为患者及急诊进入通道；与场地外主要道路相衔接的另一个平台，为车辆进出口及办公出入口；第三个平台为背面的山路，车流出口设置在该处，以方便部分货物及人员到达。这样，每一部分的停车都可方便地到达建筑内部，避免把所有的停车都埋在地下室，患者不方便寻找的问题。

同时，层层叠落的建筑形式也创造了较多的屋顶、露台和花园，在较小的容积率下，为建筑和患者争取了更多的室外活动空间。

最后，建筑单体平面的设计结合地形高差布置庭院，减少建筑进深，所有的建筑都能够获得自然通风、采光，保持了良好的室内环境，创造了舒适的就医条件，让建筑更加节能（因为埋在地下的建筑需要大量的空调，会增加后期整体运营费用）。

3.2 建筑设计

3.2.1 医院中庭

中国的医院大部分实施挂号就诊，高峰期人流量大且集中。当前常采用的设计方式是采用宽大通高的医院街来联系医院不同功能模块并组织人流。通常主入口门厅的尺度和面积也很大。

未来，医院实行预约就诊，避免了人流的过度集中，就诊人员被均匀地分散到不同时间段，可以采用适宜尺度的大厅和院廊来联系医院不同功能模块，组织人流。公共空间的建设成本和建筑能耗都相对较低。

结合国外的设计理念和中国的实际情况，我们探索在一些规模适中的医院（500~1000床的医院）内实现医疗廊和庭院空间的结合，形成高效经济、有收有放的新型节能公共空间。这样的设计具有以下优点。

（1）整个建筑体量可以得到有效控制。医院街包括两个走道和中间庭院的宽度一般为25m左右，而医疗廊和两边的辅助交通体系只需7~8m。

（2）对于一个1000床的医院来说，走廊的长度达150m，可节约3000㎡的建筑平面面积和7万㎡的空调面积，可以降低医院的运营成本，节省能源，是大型公共空间未来需探索和研究的方向。

（3）使门诊和医技的关系更近，病人就诊和医护工作人员步行的距离缩短，流线更加便捷高效。

3.2.2 通风和自然采光

在医疗中心的设计中采用循证设计，广泛地运用科学技术手段并以充分的数据作为决策的依据。由于襄阳气候条件反差大，冬冷夏热，为了给患者创造一个无忧的就医环境，我们在规划和设计的各个阶段充分利用各种技术，对建筑的日照、阴影、太阳辐射和室内照度条件等做了细致的分析，保证了医院在不同季节和建筑不同部位使用的舒适度，而且使医院内的公共空间、等候空间通透开阔，避免封闭压抑，并尽可能地引入自然元素，如日光、绿植、空气等，帮助患者保持积极的心态。

例如，自然通风分析评价。根据《绿色建筑评价标准》，我们在规划设计阶段对区域微环境进行评价，同时通过调整建筑物间距、角度，使总平面布局更加合理，保证患者在医院的各个场所都不受外界环境的干扰（见图3-1），对夏季和冬季盛行风向、风速和建筑物压差做了模拟，并得出以下结论。

（1）在夏季和冬季盛行风向下，场地内部风场风速均低于5m/s，并且无明显旋涡区，满足室外人员活动和污染物消散需求。

　　（2）夏季 80% 以上的板式建筑前后保持 1.5Pa 左右的压差，避免了局部出现旋涡和死角，从而保证了室内有效的自然通风。

　　（3）冬季建筑物前后压差不大于 5Pa。

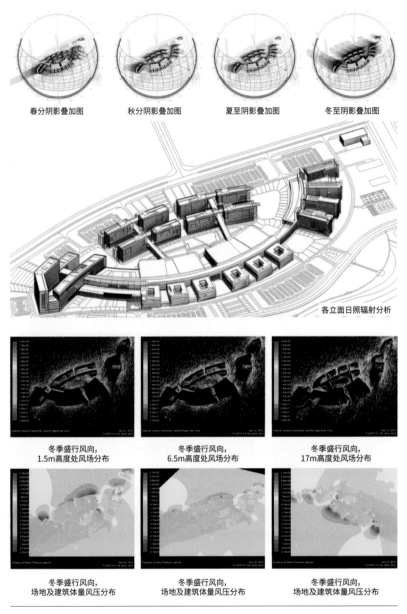

春分阴影叠加图　　　　秋分阴影叠加图　　　　夏至阴影叠加图　　　　冬至阴影叠加图

各立面日照辐射分析

冬季盛行风向，
1.5m高度处风场分布

冬季盛行风向，
6.5m高度处风场分布

冬季盛行风向，
17m高度处风场分布

冬季盛行风向，
场地及建筑体量风压分布

冬季盛行风向，
场地及建筑体量风压分布

冬季盛行风向，
场地及建筑体量风压分布

图 3-1 区域微环境评价示意图

　　当前一些研究表明，增加医院的光亮度，不仅可以减少照明能耗，也可以使患者和医务人员的生活和工作环境得到改善，有利于患者的治疗。院方提出将门诊医技楼窗台降低到 300mm，以增加室内采光的建议。我们从建筑和节能规范、采光和室内环境以及工程投资方面进行了深入研究和分析。

通过模型模拟计算，我们发现 900mm 的窗台高度和窗高满足规范采光要求（诊室采光系数为 3），并具有良好的节能效果。如果降低窗台高度，并且把窗高加到 2.5m，诊室采光系数增加约 0.5(见图 3-2)。

但是加大窗户尺寸，窗户的体系要发生变化，要采用幕墙结构，还要考虑栏杆的费用。增加窗高，窗面积增加约 20% 后，能耗方面损失加大，空调系统负荷增加，电力供应要相应增加，则需要扩大机房面积和设备，空调投资费用增加。

综上所述，需要付出很大的投入，采光效果才会有细小的变化，从使用上来说，降低窗台，对患者隐私、安全都有影响，还要做防护栏杆、窗帘；同时考虑襄阳当地的特殊气候条件，我们建议在主要外立面的窗台保持 900mm 的高度，在内庭院区域，由于采光相对较弱，可采用落地窗。这样的调整使建筑在功能、使用、节能等方面实现了平衡。

外遮阳	窗台高度	窗高	诊室一	诊室二	诊室三	办公室一
无	0.9m	1.9m	3.44	4.93	4.20	3.90
有	0.9m	1.9m	3.44	4.21	4.03	3.42
		2.4m	4.05	4.86	4.83	3.91
	0.3m	2.5m	4.05	4.86	4.71	4.03

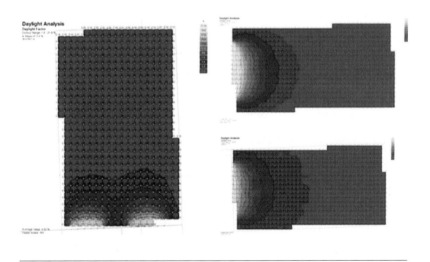

图 3-2 诊室采光分析图

3.3 确定主体建筑的造价

医院按照其功能组织通常分为门诊、急诊、医技、住院、办公、科研和后勤辅助 7 大板块。在确定了医院的性质和规模后，可按床均面积指标计算总的计容建筑面积，然后根据各个部分的面积占比来确定各板块面积。地下部分的面积通常是根据床位数确定车位数，再按照 40~45 ㎡ / 车位来计算地下面积，一般包括设备用房和停车场的面积。

医院的门诊医技楼通常为不超过 24m 的多层建筑，不涉及高层的构造和复杂的消防等。往往可以把门急诊、办公、科研、宿舍等没有复杂构造的一类设施的面积归结到一起进行计算。其结构体系、机电的造价基本可以参照办公楼的标准进行估算。

在进行建筑结构部分定价的时候，通常会将建筑主体按照高层、多层进行分类。对于普通的框架，多层、小高层和高层结构分别进行定价。医技部分通常由于大型设备荷载的增加，会提高整体结构的造价。如果为单独栋，那么将单独进行结构的计算。住院楼部分由于我国用地紧张，容积率较高，一般为小高层或者高层，下部通常设置医技，包括放射科、手术室以及核磁共振 MRI、加速器等大型设备，结构的荷载会有一定的差别。

3.3.1 机电部分

普通的门急诊部分可以按照办公楼的标准做适当增加进行估算。医技部分由于采用净化工程的位置较多，空调的造价要比常规建筑的空调费用增加很多，可达到 500~600 元 / ㎡，这取决于采用的系统。病房部分的装修和空调系统一般会根据医院的服务对象而变化。

3.3.2 装修部分

一般病房的部分，由于附带的设备带、氧气、负压吸引以及管线较多，装修的费用一般比门诊稍高。医技的部分，对于普通房间和有净化以及屏蔽等要求的特殊房间分开进行计算，普通的房间按照常规的装修标准进行基础测算，然后再另外附加特殊用房的造价。

在医院前期规划阶段，需要确定主要大型设备的数量、手术室的数量以及 ICU 的数量。这些房间将会按照单个房间以及净化等级和屏蔽要求进行测算。实验室、中心供应等也按照单位平方米造价追加工程概算。

3.4 确定特殊用房的造价

医疗特殊用房部分通常包括手术室、手术室配套用房、DSA、重症监护室、实验室、中心供应、直线加速器、后装机以及核医学、放射科的 CT、MRI、X 光等用房。这部分用房的造价计算方法通常是在规模、功能和面积定位后，再确定主要房间的数量以及科室的面积 (见表 3-1)。比如，根据床位数可以计算出手术室的总体数量，然后再通过科室规划确定百级手术室、千级手术室和万级手术室的数量。

表 3-1　特殊用房造价表

编号	工程和费用名称	估算价值（万元）	计量指标	单位	数量	单位造价（元）
2.7	医疗附属工程	8430.07	建筑面积	m²	63384	1330
2.7.1	手术室相关费用	1926.87	建筑面积	m²	63384	304
	百级手术室	200.00	建筑面积	间	2	1000000
	千级手术室	480.00	建筑面积	间	6	800000
	万级手术室	500.00	建筑面积	间	10	500000
	DSA手术室	50.00	建筑面积	间	1	500000
	手术室配套用房	693.60	建筑面积	m²	3468	2000
2.7.2	重症监护室	6000.00	建筑面积	床	300	200000
2.7.3	实验室、中心供应室	153.12	建筑面积	m²	1276	1200
2.7.4	直线加速器、后装机	120.00	建筑面积	间	1	1200000
2.7.5	核医学	60.00	建筑面积	m²	100	6000
2.7.6	CT、PET/CT	51.50	建筑面积	m²	103	5000
2.7.7	放射室	72.00	建筑面积	m²	144	5000
2.7.8	核磁共振室	49.20	建筑面积	m²	82	6000

　　计算方法是把特殊医疗用房按照房间面积的单位造价或单个房间额外的造价进行测算。额外增加的费用包括医疗气体、净化空调、室内装修、电动门或电动防护门、放射防护处理和放射污水排放等。

　　（1）手术室通常按照其等级来分类，不同等级的手术室单位造价不同。例如，百级手术室可达 100 万元每间，万级手术室可按 50 万元每间的标准去设置。DSA 或是杂交手术室按照房间内的设置标准，按单间额外增加的费用计算。手术室配套用房可按正常的主体结构装修额外增加每平方米单价进行计算。

　　（2）重症监护室按照每个床位的标准进行计算。开放式监护和单人间的造价标准有所不同。

　　（3）实验室、中心供应可以按照每平方米装修增加的造价进行计算。

　　（4）直线加速器的费用较高，每个房间达百万元，具体价格需与当地供应商咨询。

　　（5）PET/CT、CT、MRI 以及放射用房按照每平方米增加的造价进行计算。

3.5 确定医疗附属工程的造价

3.5.1 装修部分

医疗附属工程的装修造价计算方法可参照上文中主体建筑的装修造价内容（见表 3-2）。

表 3-2 医疗附属工程造价表

工程和费用名称	估算价值（万元）	计量指标	单位	数量	单位造价（元）
供氧中心工程	30.00	建筑面积	m²	200	1500
医疗气体工程	367.45	建筑面积	m²	61242	60
气动物流	900.00	建筑面积	站	30	300000
放射性污水处理站	200.00	数　量	项	1	200万
放射性污水处理设备系统	200.00	数　量	项	1	200万

3.5.2 物流系统

物流机器人的加入，使得医院的物流从依靠系统建设转变成可灵活控制、分区分类别灵活投入的模块体系，更具灵活性和适用性。在设计物流方案时，新建综合医院物流系统可采取几种物流方式的组合，在设计过程中考虑系统的简化、可实施性、高效性。

气动物流可传送药品、病历、标本等小件物品，主要解决"速度"的问题，可以快速运送一些急需药品和检验标本，使用便捷。但是，气动物流需要设置中心站，在每个分站点还需要设置接收站，系统较为复杂，维修比较麻烦。其可传输量占医院运送物品总量的 15%，必须与其他物流方式结合，共同构成医院物流的完整系统。

轨道小车和箱式物流可传送使用标准箱体装载的中等大小物品。由于其运输的空间相对密闭，不受外界干扰，而且借助气动和机械控制，速度较快。但其运输的大小较受限，而且在消防防火分区的考虑上受到一定的限制。轨道式物流中垂直流线的预留空间，水平轨道的暗藏及检修口、通道等均需在方案设计中先行考虑。

机器人可传输的物品多样，传输量占医院运送物品总量的 95%，可运输高载重物品，智能识别路线，适合多层传输，并实现自动充电。相较于其他物流系统，不占用天花和垂直空间，不与其他管线发生冲突，具有较大的灵活性。在改造项目中，当层高、管线或结构不满足时，可以选择机器人作为主要物流系统。

医院以上各项工程的造价如图 3-3 所示。

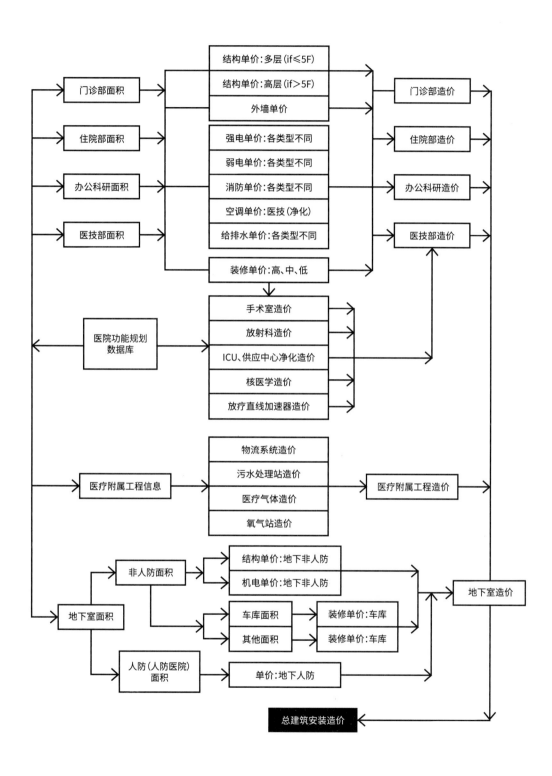

图 3-3 医院造价估算流程图

第四章　医疗康养模式及规划策略

医疗康养的模式可分为集休闲、度假、疗养为一体的康养小镇、生命健康城，以产业开发为向导、全生命周期的中草药产业园和城市医疗综合体、城市医养社区等类型。对城市发展和地方财政而言，单纯的养老项目活力不足，因而通常会支持和吸引带产业的养老项目。"产城结合""产人结合""产融结合"的康养产业综合体、中医药产业园等项目更加符合可持续发展战略。

早期的医疗康养项目不是很成功，国外的模式也不一定适合我国国情。如果忽略了医疗和康养的实际运营状况和功能配置，纯粹将它作为住宅项目去开发，就会导致整体的投资开发计划和实际运营有较大误差。根据每个项目特定的地理位置、资源和人力情况，用精准规划的方式，对相关的功能采用科学规划，可以有效地指导整个投资和开发的进程，避免走弯路。项目结合保险以及护理服务的增值进行销售，提供差异化产品。另外，充分挖掘餐饮、购物、旅游等服务，通过一体化规划所产生的综合效益去实现康养社区的健康运作。

1 国外医疗集团模式分析

1.1 整合医疗服务体系

美国民营医疗机构经过 70~100 年的发展，已经形成了完善的体制和成熟的模式，与公立医院一起为大众提供医疗服务。在其强大的竞争优势背后，是强大的整合能力，包括保险和医疗服务的整合，信息化与智能化的融合，还有决策机制与动机的相互整合。这几者密不可分，作为软实力支撑着整个体系的健康运营。

凯撒医疗集团诞生于 1945 年，是美国最大的整合医疗服务系统和非学术类研究机构，以健康维护组织（Health Maintenance Organization，HMO）形式运营。凯撒医疗集团由保险基金健康计划、基金医院、医生集团三个独立运营又互相依存的主体组成。其关键要素为保险端、医院端和医生端三方的经济一致性。医生从这种合作中得到的收入是有限制的，不会从增加或节省的医疗费用支出中获得奖励。对医生端而言，最佳的利益是确保医疗服务是基于最恰当的临床诊断。凯撒医疗集团的架构如图 4-1 所示。

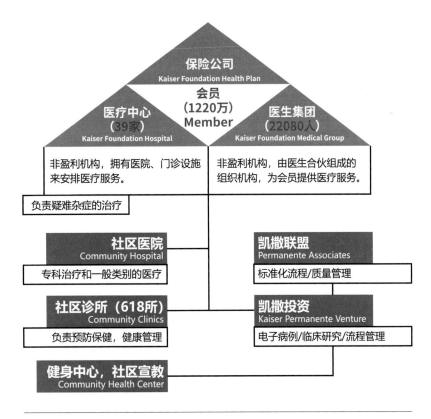

图 4-1 凯撒医疗组织架构图

　　相比大而全、服务企业大众的凯撒医疗集团而言，美国 HCA 公司的服务更加具有针对性。HCA 是全球最大的营利性连锁医院运营商，主要经营医院、独立的外科诊疗室、透视成像诊疗中心、肿瘤放射治疗中心、康复理疗中心及各种不同的保健设施。HCA 设有普通医院和急诊医院，向住院患者、重症患者、心脏病患者等提供药物和手术治疗以及紧急救治服务。截至 2013 年年底，HCA 共管理 165 家医院和 115 个独立的手术中心，2013 年实现收入 380.4 亿美元，净利润 19.96 亿美元。

　　HCA 的成功首先归功于其发展战略：要求各下属医院贴近社区。HCA 实行分支医院的自主管理模式，每个医院设有首席执行官、首席护士长和首席财务官，每家医院都通过自身的条件来设定自己的运营目标。HCA 统一向下属医院提供支持和资源，如 IT 医疗系统，而医院管理决策则由管理团队根据当地实际情况而定，更好地为患者提供服务。

　　医疗集团的发展源于背后的整合，具体整合以下内容。

　　（1）医疗保险和医疗服务系统整合，使支付方和服务方的行为和利益一致。

　　（2）初级护理医师和医疗专家及其他医护人员的整合。

　　（3）健康管理中整合了信息技术，从而使数据平台与保险打通，因此，比较有利于嫁接数据和技术手段进行费用控制。

（4）医疗设施的整合，让患者可以在同一个地方完成问诊、学习医疗健康课程、购买处方药、做检查或者住院。

（5）决策机制的整合，综合医师、医院、健康计划和工会投入各方意见。

（6）动机的整合，使得员工和医生都具有共同的动机去维护患者的健康。医生通过对用户进行健康管理，将疾病从以治疗为主变为以预防为主，节约大量医疗费用。

1.2 医疗收费模式

医疗养老保险对于企业和个人来说都是较大的开支。保险公司的选择和竞争日益白热化的。各保险公司每年都会提出新的解决方案和措施，以及更加优惠的价格来吸引各个企业为员工选择新的医疗保障。员工也会根据个人的体验和需求，更换自己的家庭医生。

医疗集团采用会员制。居民缴纳一定年费后成为会员，并享受相应的会员费率就医。例如，在凯撒医疗集团，交纳 500 美元年费即可成为会员。

（1）会员按照所购保险的不同等级享受不同的医疗保险服务。

（2）会员每次门诊只需自付 20 美元，每日住院只需自付 100 美元；会员在支付 1000 美元后的医疗费用后，其余由保险公司支付。非会员每次普通门诊则需花费 100 美元以上。每日住院费用需 800~1500 美元。

在凯撒医疗集团中，企业会员为医疗保险的主要缴纳者，约占 73%；老年人和残疾人士的医保项目约占 15%；个人会员仅占比 6%；还有针对儿童和低收入人群的福利项目。在 HCA 的收入构成中，雇主提供的商业保险占比 52.1%，医疗保险占比 29.5%，养老保险占比 8.0%，因此，获得政府和保险机构的认可是 HCA 成功的关键。各医疗集团通过各项措施实现精细化管理，不断优化流程和费用。

（1）通过缩短住院日，降低诊疗费用来减少会员在实体医疗机构中产生的医疗费用。

（2）通过采取单人房间临床路径标准化治疗方案和增加日间手术等方式降低医疗费用。

（3）从预防疾病入手，对已病群体进行随访和密集照护，降低医疗费用，有效降低死亡率和急诊费用。

（4）诊疗流程电子化，通过客户端对会员进行健康管理。开发有针对性的营养与健身、心血管、健康预防、癌症、戒烟、体重管理等健康管理支持方案。

在这种医疗模式中，医生端、企业端、患者端三方具有经济一致性，形成了患者看病不贵、医生收入高、公司利润好的三赢局面。为了节约医疗费用，医生往往会加强健康管理，使服务对象少得病，节约的资金可用于医生和企业的收益分配，在一定程度上避免了过度医疗、过度用药的现象。其竞争优势有以下几点。

（1）价格低。凯撒医疗通过闭环管理，节约成本和费用，向会员按月收取固定保费，提供免费健身、社区干预，并通过数据监测质量。HCA通过规模化和精细化管理，使治疗费用显著低于同行业竞争者，赢得了政府和保险机构长期、稳定的合作。在医保费用控制方面，医保对HCA采取的是按病种付费的支付模式，从而有效控制了医保费用的支出。2013年，HCA表观净利润率达到5.25%。实际上，集团大量利用了债务杠杆，扣除财务费用的影响，公司实际的净利润率达到10.11%，资产收益率高达6.92%。

（2）护理好。凯撒医疗集团的结肠癌生存率和前列腺癌生存率位居美国前列；褥疮发病率仅为0.24%，低于平均的4%~10%。

（3）就医便捷。统一电子病例，选择医生、预约时间、查询结果都可在线操作；与医生交流，48小时内回复；检查检验在内部同一医院完成。

（4）科研实用。各大型医疗机构每年约有200~300个研究项目，千余篇论文发表，研究基金通常来自机构外的基金会。

1.3 医院强势学科

目前，我国由于医疗建设的周期较长，高端科研医护人员的筹备和运营难度较大。具备综合实力的开发者还不多，医疗主要依靠公立医院。公立医院主要通过大量的门诊收入来提高医院整体收入水平，相对而言，其服务患者在高难度的医疗或手术上的收费比国外低。

例如，梅奥诊所开展的手术收费均价在2万~3万美金，约合人民币15~20万元。部分高难度手术，如肝移植、肠移植、骨髓移植等均价在20万~25万美元，约合人民币120万元。由于其领先的科研技术水平和治疗手段，每年吸引了来自全世界的患者，为医院创造了可观的收入。各医疗机构门诊量和运营收入比较如图4-2所示。

医疗机构门诊量和运营收入比较

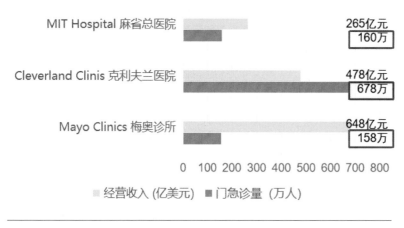

图 4-2 各医疗机构门诊量和运营收入比较图

再如，克利夫兰医学中心的核心竞争力是宣传和倡导团队诊疗模式，即将某个器官或疾病系统的有关专业结合起来，组建成为患者提供更高水平的医疗服务团队，即"多学科综合治疗"。"患者体验"成为克利夫兰医学中心的首要战略，并为此专门设立了"患者体验办公室"。其运营成功经验来自其强势专科。

（1）心脏和心血管外科、泌尿外科专业 16 年位列全美排名第一。

（2）消化病中心在全美排排名第二，是全世界外科医师结直肠外科培训基地。

（3）有全美最大的肝病、肝移植中心。世界首例单孔腔镜全结直肠切除回肠储袋—肛管吻合术（IPAA）、美国首例面部移植都在这里完成。

（4）内分泌科、骨科、呼吸科全美排名第三。

（5）妇产科和老年病学全美排名第五。

（6）神经内外科全美排名第六。

（7）肿瘤科全美排名第七。

（8）眼科全美排名第九。

通过以上案例分析，可以发现一定的内在规律：在建设一所新医院时，必须要引进强势学科，确定了相应的科室、引进人才后，医院的运营才能得到保证。

1.4 医院核心竞争力

　　技术人员的沉淀是整个医院发展的基础。人才体现在各个方面，包括为诊所和医院服务的医生和科学家、实习生以及专科、生命科学院的研究人员，还有一些持续性教育，包括网络上的教育课程，培育了大量的医学从业人员，为医学的不断发展做出了卓越贡献。梅奥诊所的人员构成如图 4-3 所示。

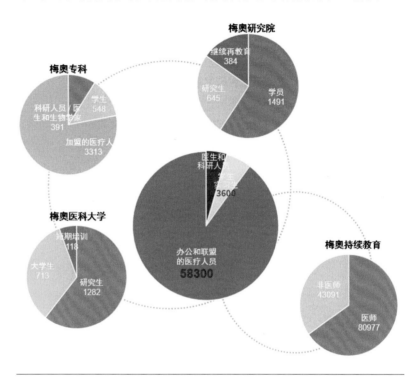

图 4-3　梅奥诊所人员构成图

　　再如，克利夫兰医学中心是一所非营利性多专科学术医疗中心，集临床治疗、病人护理和教育研究为一体。现已成为最具创新性的医疗中心之一。克利夫兰医学中心连续 5 年蝉联全美医院综合排名第 4 位。目前拥有约 2700 名医师，涉及 120 个医学专业及附属专业，每年平均接收病人 380 万人，手术量为 7 万台左右。

　　国外医院，即使是民营医院，也多为非营利机构。在医院的资产组成中，患者收入在整个资产中的比重接近 6.5%，占现有资产的 50%。投资在整个资产中的比重接近 50%。投资包括长期投资、信托基金、保险资金。长期投资在整个投资中占 90%，物业、生产加工车间和设备在整个资产中的比重接近 30%。

2 主要医疗康养模式

2.1 康养小镇

康养小镇（生命健康城）这类大型医养社区通常设置在郊区，面积大、功能齐全，为老年人提供从入住、介入护理、深度护理到临终关怀的全生命周期服务，包括大型养老社区、医院、医学院、护理学院、专科中心、养老先行示范区和慈善机构，以及配套的住宅、商场、学校等。在一些规模较大的医养结合特色小镇里，还包含体验式农业和旅游文化。体验式农业包含各色特色水果、蔬菜的种植，水产海鲜的养殖，绿色有机食品的开发，能够为长期居住者提供全新的体验。旅游文化包含度假酒店、佛文化研修、生日节日庆典活动等。如图 4-4 所示。

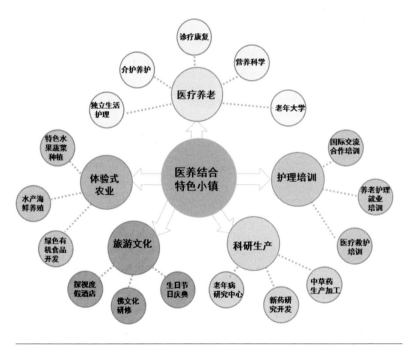

图 4-4 医养结合特色小镇功能规划图

康养小镇在规划时要充分结合养老开发、医疗运营和人才需求等各方面的问题，全面考虑功能规划。

2.1.1 分期开发

大型医养社区在运营的前 5~10 年，老年人入住率不高，医院整体老年病康复护理和治疗的需求不大。在整体开发时要考虑分期开发。

（1）前期投入的医技、门诊量和规模不要太大，除非是引入某些对区位不敏感的特殊专科。

（2）病房和门诊可分设在不同楼栋，以减少前期建设和运营投入。

（3）医技平台因为涉及功能布局的合理性，可以一次性规划建设，再逐步完善。

2.1.2 专科规划

由于大型医养社区多设在郊区，除养老社区本身之外，周边的居民一般较少。如果设置大型综合医院，未来将面临就诊人数不足以及医疗运营的压力。在城市郊区如果已有综合三甲医院，新建医院应尽量设置为小综合、大专科。

（1）在考虑科室定位的同时，需要尽量引进优势专科和稀缺资源，作为医院差异化服务的核心。可以肿瘤、心血管、骨科以及生殖中心等特殊专科作为规划的主要内容。

（2）精准医疗未来持续增长，也可以作为医院的业务方向。2015 年 3 月，科技部提出中国精准医疗计划，明确到 2030 年前，我国将在精准医疗领域投入 600 亿元；2016 年至 2020 年，全球精准医疗市场规模将以每年 15% 的速率增长。预计到 2025 年，我国肿瘤基因测序市场规模将达到 120 亿 ~480 亿元。

2.1.3 功能配套

医养社区如设在郊区，需要尽量靠近三甲医院，路程最好小于半小时；或者在社区内自己设置符合需求规模的医院，同时包含医疗急救服务，以保证整个急救体系的完善。考虑到急诊部的运营成本，任何一个急诊和急救团队的建立，都需要配备一套检查治疗的团队和相关仪器设备。医院抢救床位数小于 8 时，运行效率较低，所以在前期规划时应充分考虑相关设施的经济可行性。

（1）在前期，如果养老社区入住率较低、社区规模不大，可设置小型门急诊，包含急救和临终关怀，以便在遇到突发情况时，可以就地救援。

（2）在中期，社区入住率达到一定规模，需建设小型专科医院，设置急诊部，包含日常体检、重症监护和护理等功能。在总体规划时，考虑医院规模的可拓展性，分期开发。

（3）在运行时，逐步开放相应床位，满足使用需求。

康养小镇（生命健康城）功能规划如图 4-5 所示。

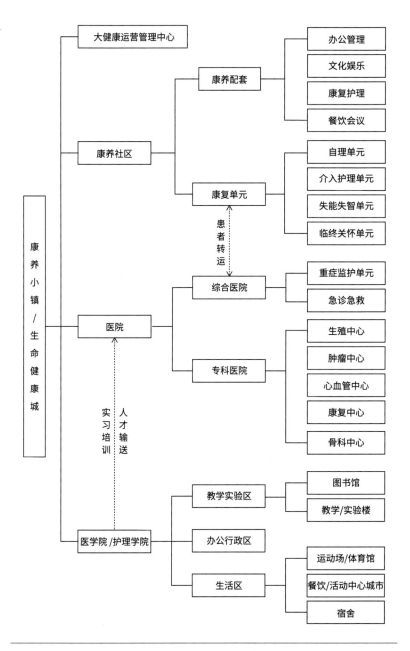

图 4-5 康养小镇（生命健康城）功能规划图

2.1.4 人才培养

大型康养小镇可以考虑设置相应的护理学院和医学院，为医院和养老社区持续提供人才，同时郊区面积大，也为相应教育设施提供了较大的发展可能性。政府在批复此类项目时，一般会重点给予支持，以充分满足老年人整个生命周期内使用需求的合理性和完善性。

2.1.5 产业集成

教育产业为整个区域人群的多样化提供了补充，使青年人和老年人可以混居，产生更大的社区活力，也可以刺激相关的商业、娱乐和公共设施发展。学生家长定期到访，也为旅游、酒店等行业提供了发展空间。另外，学生毕业后，在医药卫生领域以及大健康领域研发和创新，为产学研一体化提供了可能性。在整个教育和医疗基地上，可以结合医院、医学院和护理学院等设置创业孵化器、研发办公楼、大数据运营中心、互联网和物联网以及物流供应大厦、医药产业研发办公、商业展示销售等公共服务大楼。

2.2 中草药产业园

中草药产业园是集生态医药产业、生态疗养、生态旅游为一体的全生命生态圈。开发中草药产业园可以弘扬中医药文化，推进中医药事业发展，调整单一产业结构，发展绿色经济，培育新的经济增长点，是实现城镇产业多元化的必要途径，也是新型城镇化的具体落地措施。全产业链的中草药产业园也是培养中医药产业人才，提高农民收入，增强市场竞争力的重要手段。

目前，中草药产业园的开发具有多种形式。传统的产业种植占地较大，单一的功能模式使得整体收益较少。例如，在某某村的种植计划中，预计种植4000亩中草药，其中，甘草2000亩，黄芪2000亩，总产值约20万元。该村预计在三年内完成种植10000亩。通过与高校、科研场所合作打造中草药种植、收购、加工、经营为一体的中医药经营模式，使得中草药的产品和销售模式多元化，产值明显增加。

再如，项目规划分为民俗文化区、休闲区、生产体验区和户外拓展区。整体计划用地300亩，建设温室、水域展览馆和特色民宿；开放休闲绿地，包括景观阳光草地、户外拓展场地和农园；建立苗木花卉基地、美林生态观光园、水文实验室和敬老院等。相对而言，其投入成本较少，整体使用率和吸引到的游客人数不多，无法充分形成互动、全天候、全生态产业链。

对于大型中草药产业园来说，其组成部分应包括康养社区、中医药产业园和相关的医学院、护理学院及中医院、人才公寓及商业配套等设施。中医药园应包括完整的中草药生产加工、物流仓储、检查检验、展示销售和研发办公、教育培训、员工宿舍餐饮等服务设施，以及对外接待交流的酒店。护理学院为中医药产业园输送人才，提供从幼儿园、小学、中学到高中一站式的教育服务，使孩子从出生到毕业工作之前都可以在整个教育体系里获得完整的教育过程。中医院不仅可以作为医院、医学院的实践基地，也可以为康养社区提供紧急救治，同时也是中医药产业园主要的药品研究和使用场所。

中医药产业园是项目核心。现代化中医药产业园对中药材产品进行全过程的信息追溯和管理，同时实现种植、加工、物流仓储、销售的业务信息整合的一条龙生产。其核心主要为：第一，组建国际级中医药质量控制基地；第二，发展标准化，设置优质产品认证；第三，设立具备《药品生产质量管理规范》条件的国际孵化中心；第四，设立公共服务平台、商务中心、专利授权及创投服务。

中草药产业园架构如图4-6所示。

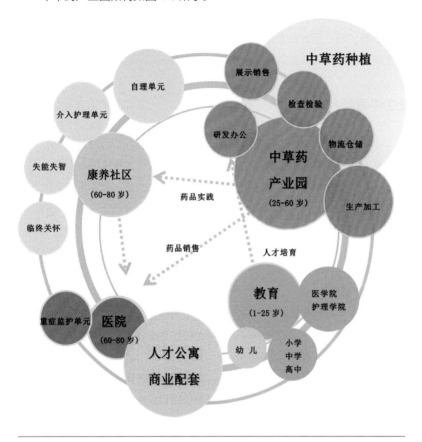

图4-6 中草药产业园架构图

2.3 医养综合体

医养综合体通常设置在城市中心的大型建筑综合体内，同时配备医疗和康养设施，通常包括普惠医院和高端医院，还有护理和养老单元。在医院设置门诊或医技，以及大健康管理中心。 在护理和养老单元设置为社区服务的以大健康为主题的餐饮、休闲、理疗、医药、保健等功能区域。通过道路的连接和绿化的设计，将医疗机构的服务业态和商业业态合理连接起来，形成一个与社区共融的新型医疗综合体。这种方式在韩国、日本和欧美等国家的大中型城市比较普遍。

2.3.1 功能配套

普惠型的医院可以由公立医院运营，高端医院以及护理中心、养老单元，可以由私人医疗机构提供服务，以形成服务的差异化。患者在公立医院进行手术，在 7~20 天的治疗恢复期后，其实通常还需要延长服务。然而，公立医院床位紧张，一般无法提供，这为民营医院的后续服务提供了社会需求。

另外，人口老龄化的加剧和现代人高强度的生活，以及部分慢性病和手术后的护理需要，延伸了对日间照料及短期术后恢复这类医疗护理需求。在社区中心设置此类机构，未来也将会有较大的市场。特别是在北京、上海、广州、深圳等节奏较快的城市，可以提供儿女就近探视服务，同时，为部分收入较高以及要求护理级别较高的人员提供相应的服务。

2.3.2 运营模式

公立医院和民营机构相结合，可以解决目前医疗需求快速发展过程中产生的相关问题。首先，民营机构由于缺乏沉淀，人才的缺失将导致技术力量薄弱，而公立医院可以提供较好的人员技术平台以及教育培训基础，同时，大型仪器设备的购置，通过国家财政拨款可以相对保证服务的品质。而民营医院在发展初期，优势多为可以提供舒适的服务、良好的就医条件、宽敞高端的住院和就诊服务。

共享医技平台以及专科中心模式的形成，使得所有专科中心可以围绕着共享医技平台进行设置，利用现代化的影像系统、物流系统实现资源的共享。将功能检查、检验科、病理科、药房、静配中心、影像科、手术室、介入治疗、重症监护等核心医技平台作为共享资源，可以统一提供给各个专科。民营医院的患者，在进行术后康复及护理时，也可以充分利用这些核心的医技来实现资源的共享，减少资金和成本的压力。

3 医疗康养项目规划策略

3.1 总体开发策略

在综合性医养开发项目中，最为重要的投资决策是把握前期所有医院建安成本、康养成本和其他配套商业、学校、科研教育等设施总的建设投资金额、利息，还有土地开发成本，这些应能从前期的房屋销售或出租、护理卡的销售中等获得数据支撑。坚持这个原则才能够保证整个项目资金不致于陷入困顿当中。

建安成本 + 土地成本 + 利息成本 + 医疗前期运营成本 = 销售服务卡额 + 保险额。

医疗面积 × 医疗单价 + 其他成本（土地、利息、销售、运营）= 养老面积 × 销售平均单价（保险额）。

3.1.1 土地成本

目前，康养项目和其他项目存在的差异在于土地的成本相对较低，特别是在一线城市和二线城市，在整体住宅价格成本较高的情况下，国家对于医疗和养老等项目采取扶持态度。郊区土地价格相对较低，适合开发大型养老社区、医疗健康城，易形成规模效应，且具有优势条件，但是郊区存在着人员到达不便、管理和运营困难、医疗资源缺乏等问题。

市区内的土地用来做医养的比较少，通常医疗性质用地可以开发成医疗综合体类型的项目。鉴于其土地利用率、容积率指标以及周边社区情况，特别是在一、二线城市，多做成医疗综合体或是高端康养护理中心、月子中心、康复中心、老年护理中心等。市区内的医养业态通常可以结合社区进行设置，在医院内形成以大健康管理为主题的新型医疗健康城，主要的业态也并非完全是医院，可以弱化民营医院医疗的部分，更多地融入健康管理、慢病管理的概念。这样既可以与公立医疗资源形成互补优势，也便利了社区居民的预防保健工作。

3.1.2 建设成本

高额的医院建设成本是整个开发过程中需要严格控制风险的部分。相对于住宅的毛坯房和商业的二次装修，医院一般需要完整建设和交付使用。因为医院整体的建设较复杂，包含的功能内容多，一些特殊的医疗专项的投入成本较高，如净化工程、污水处理、医疗气体和大型医疗设备等。高端医养设施建安成本较高，从而导致整体的前期费用较普通的商业和住宅项目高出一倍有余。合理控制医院规模，精准测算规划各项功能，也是整个项目需要重点研究的内容，不应求大、求强而忽略了整个医院在该区域未来运营的实际可行性。

目前，由于城市土地开发成本高，大多数建筑都是高层，这要求昂贵的地基和竖向交通系统，购买者要为公共交通使用面积摊付额外的费用。中低层、结构简单的建筑和中国传统的庭院式建筑更适合老年人生活，因此，我们的目标是寻找大片低价土地以降低密度，建造符合老年人居住的高档社区。

3.1.3 运营成本

医院每年运营成本非常高。由于医务人员稀缺和高学历要求等，其工资收入水平相对较高。前期充分的调查研究，是后期稳定运营的重要保证，前期建设投资的可控是整个项目的关键环节。

在整体开发计划当中，动态地测算规划、设计和开发医院规模、康养的建设面积，对于大型医养社区来说极为重要。医院的规模既能满足康养社区自身的需求，也能适当地根据周边社区和居住人口的密度等做配置，以为周边或仅为本社区老年人提供养老服务。

针对不同的服务对象，医院的设计内容也有所不同。对郊区的大型康养社区来说，主要的服务对象是未来可以居住到本区域的老年人，因而老年病、慢性病可作为主要的治疗方向，还可设置中医、康复学科等，服务于老年人术后调养。

3.2 综合 VS 专科

在郊区人口密度小，同时又有其他公立三甲医院存在的情况下，不建议再设置综合类医院。因为综合医院要求的医生和服务人员种类较多，后期运营的人力成本较高。从实际出发，如果郊区综合性疾病的患者日门诊量少，需求和资源不匹配，也将造成后期运营的巨大压力。

在郊区设置小综合、大专科，将更有利于医院的整体运营发展，而在人口较密集的大城市中心区可以考虑采用大综合、小专科的模式，引入强势的专科团队，重点发展一两个特殊专科，成为整个医院的重点学科。

投资方在进行前期总体规划时需要做出决策，包括对医院的总体定位以及相应的床均面积指标等，必须结合医院的使用需求。在部分项目中，政府对医院的床位数量有一定要求。当床位数较多的时候，其中普惠医院床位可按照国家标准进行设置，盈利的高端医疗护理单元，根据整个项目的定位（如超高端、普通高端等）按照相应的标准进行设置，主要的决定因素是病房的舒适度，反映在空间设置上主要是单个病房单元，是安排单人间、一房一厅、两房、套房，还是两人间。

3.3 床均指标

面积指标直接影响到医院的整体建设指标，非公立医院一般对预防保健、科研教学等用房需求较少，而公立医院当中是必须考虑的因素。另外需要考虑的是，在将医院作为一个长期投资回报的开发行为来说，医院运营的收入可以每床达到 100 万 ~200 万元。其他部分的床位，如康复也可以达到 30 万 ~60 万元。相比较养老的床位收入，目前可按照 2 万元每月，一年达到每床 20 万 ~30 万元，如表 4-1 所示。

表 4-1 1000 床综合医院 + 康养社区测算指标表

序号		功能 /部门	1000床	
			比例/人数	1000床面积（m²）
一、		综合医院建设指标		147830
1		七项基本设施用房总和	120m²/床	120000
	其中	急诊部	3%	3600
		门诊部	15%	18000
		住院部	38%	45600
		医技科室	27%	32400
		药剂科室	3%	3600
		保障系统	8%	9600
		行政管理	3%	3600
		院内生活	3%	3600
2		大型医疗设备		4000
3		科研用房	50m²/人	11900
4		预防保健用房	35m²/人	210
5		教学用房	10m²/人	2600
6		健康体检用房		1400
7		夜间值班宿舍	12m²/人	3120
8		感染性门诊	按需	600
9		架空层及风雨连廊		4000
二、		地下停车设施		59132
1		停车设施及设备	40m²/辆	59132
三、		汇总		206962

总图经济技术指标（总指标）				
项目		单位	1000床医院面积	1000床医院成本（万元）
医院康养				
	规划用地面积	m²	170000	
	总建筑面积	m²	545664	
	计容建筑面积	m²	425000	25500
其中	医院	m²	147830	118264
	配套疗养公寓	m²	277170	138585
	不计容建筑面积	m²	120664	
其中	医院	m²	59132	47306
	配套疗养公寓	m²	61532	24613
	容积率		2.50	
	停车位	辆		按每床一个车位标准计算
其中	医院	辆	1478	按每床一个车位标准计算
	配套疗养公寓	辆	1663	按地方标准计算车位
			医院建安成本	165570
			康养建安成本	163198
			医院康养建安成本	328767
			土地成本	25500
			建设期利息	
			医院康养总成本	354267
			康养销售收入	407440
住宅部分				
	规划用地面积	m²	66795	
	总建筑面积	m²	315606	
	计容建筑面积	m²	233783	
	建安成本			105202
	土地成本			116891
	销售收入			350674
			住宅总成本	222093
			住宅销售收入	350674
	容积率		3.50	
	停车位	辆	2338	按地方标准计算车位
	不计容建筑面积	m²	81824	32730
总成本			项目总成本	576361
			销售收入	758114

因而，从整体运营和持续现金流角度而言，医院更值得投入，然而，医院从建成、人员就位到进入正常运营状态，往往需要较长时间，特别是对于民营医院而言。民营医院基础较薄弱，很难招聘到专业人员，其知名度和社会信任度也不高，患者的积累需要大量时间，一般要 7~8 年才能达到相对饱和的运营状态。

民营医院如果有非常强有力的运营团队，而且专家和医护人员之前在大型公立医院中任职，有较好的掌控能力，才能做到尽快正常运营。在整个投资过程当中，最难预测的是未来的医疗运营，因为运营涉及项目所处位置、周边配套设施、销售团队和运营团队的能力，还有购买者的主观愿望、区域内老年人对养老的定位、医疗设施内部功能的完备性等诸多因素。

任何理论上的计算法则和虚拟的模拟都只是概略性地确定未来的投资预期。特别是对于地产转型的企业而言，医养版块的运营人员通常不敢对未来的预期设置太高，在实际的测算过程中，常常出现对首年的住院入住率及后期门诊量、检查量等指标做非乐观预测。

行业内比较知名的武汉亚心总医院，在整个实施过程中保持了较强的管控能力。运营后营收的水平较高，而这在整个医疗行业当中是较少见的。绝大多数的开发商因为缺乏对医疗的全面认识，没有相应的运营团队，整体的收益差强人意。

3.4 医疗稀缺资源

郊区的医院可以设置一些具有稀缺性的特殊专科，如生殖中心、肿瘤中心、质子重离子治疗中心，或者有稀缺专家团队的专科，如神经科、心脑血管等复杂手术，还可以设置一些特殊医疗器械、仪器等。这些稀缺的医疗资源是郊区医院打响品牌和知名度的"法宝"。

3.4.1 生殖中心

在对生殖中心的调研中，发现大量就诊人群不远千里，到处求医。根据现有的人口统计学及流行病学资料，在所调查的育龄人群中，8%~15% 具有生育愿望而未能受孕。为了延续生殖过程，在了解生殖过程的基础上，在其发生障碍时给予医学的帮助已势在必行。由此产生了一门新兴技术——人类辅助生殖技术 (ART)。相对来说，生殖中心获得执照的难度较大，但是此类专科中心往往能够使患者不挑选医院所在的位置，而更关注于其所能提供的服务。在郊外还可以获得舒适幽雅的修养环境。生殖中心的收费分为三个阶段：术前检查费用、手术治疗费用、后期住院费用。试管婴儿需要检查遗传病或者感染疾病，治疗以后才能手术。

3.4.2 质子重离子治疗中心

获得国家批准的稀缺设备和精准治疗将是吸引患者的一个重要条件。例如，肿瘤专科的 PET 和放疗中心、质子或重离子等治疗中心。质子重离子治疗技能是放疗的一种，是国际公认的放疗权威技能。与传统的光子线不同，质子重离子能够在对肿瘤进行集中爆破的同时，减少对健康组织的伤害。穿透性能强，精准度高，对癌细胞的杀伤力更强，对健康组织造成的不利影响更小，肿瘤部位放射剂量更高。

大型仪器设备的批准具有一定难度。目前，国家已经批准的质子和重离子中心实际运行并未达到预期效果，而且相关设备也在不断更新。单个质子或重离子的投入可能达到上亿元。因而在做决策的时候，需要进行综合性分析，即使是生产厂家也不敢贸然去建议开发者进行相关产品的购买和使用。除设备仪器外，拥有此类特殊设备操作资质的人员也较稀缺，整个团队的运营成本将非常高，必须有强有力的销售团队支撑，才能够达到预期效果。

3.4.3 差异化服务

郊区医院可以通过建立良好的服务团队，进行专业的医学咨询和前期诊查检查工作，同时与国内外权威医疗资源进行合作，建立名师医疗数据库，提高效率，控制医疗成本，吸引更多的国内重病患者和高端人群前往就医。

第五章　医养设施的设计及运营

1 养老机构及市场需求

近几年养老机构逐渐发展，主要有两方面因素：一是中国人口老龄化。截至 2018 年年底，中国 65 岁及以上的老人有 1.67 亿人，占总人口比例从 11.4% 上升至 11.9%，同时出生率为 10.94%，下降至历史低点，人口老龄化加速。二是中国公办养老机构床位供给不足，需要寻求新的社会力量，通过市场消费解决日益严峻的养老问题。当前，我国主要的养老机构类型如下。

（1）养老 / 护理机构：养老院（公寓）、托老所、老年社会福利院、养老院、敬老院、老年护理院、养老运营托管公司、养老旅居服务公司、康养小镇规划建设企业等。

（2）医院 / 康复机构：医院、诊所、康复中心（院）、高校附属医院、老人医疗机构等。

（3）社区 / 居家服务商：社区驿站、日间照料中心、喘息服务、居家养老护理商等。

（4）康养小镇、智慧养老社区等新型养老机构。

2 医养的结合运营

随着国家一系列医养结合政策逐步出台，养老地产行业市场迎来全面放开。从近期地产商、保险机构及其他上市企业在养老地产布局的动作来看，地产、医疗、保险三方资源整合趋势明显。养老产业链延伸较长，涉及保险、医疗、教育、文化体育与娱乐等多个行业。市场参与主体涵盖了地产开发商、保险机构、医疗机构，以及其他业务跨界企业。

（1）根据养老地产运营主体的不同，可以分为国营机构、民营机构、公办民营、公助民办等类型。

（2）根据养老地产服务的内容以及收费差异情况，可以划分为福利院、养老院、敬老院、疗养院、老年公寓、护理院等。福利院、养老院和敬老院一般为政府主导的非营利性公办机构，收费较低，市场供不应求；疗养院、老年公寓、护理院等则一般为营利性民营机构，提供个性化服务，收费相对较高。

养老地产服务的运营模式包括销售模式（本地销售模式、度假销售模式）、租售结合模式、床位出租模式、会员制模式以及金融组合模式（以房养老、押金或养老金返还等）。

3 养老行业存在的问题

与发达国家相比，中国养老地产行业的发展仍然处于起步阶段。

3.1 养老市场不成熟，资源分布不平衡

从产业发展层面看，养老产业发展"前途光明、道路模糊"，其根本原因是参与市场角逐的各类型企业群与生俱来的典型优势和劣势。因此，打造具备核心竞争力的特色业务平台，是弥补企业竞争资源短板、创新养老服务产业商业模式的核心内容。

不同的企业类型具备不同的核心资源和能力。对于地产开发商而言，其核心资源在于地产项目开发经验、与地方政府良好的合作关系，具备地产项目短期融资、开发与管理、物业服务等方面的能力；保险企业则具有寿险产品开发管理、医疗保险与服务等领域的经验，具备运用保险资金长线投资、进行长期经营和开发养老服务周边产品的能力。

其他民营养老服务机构，具备更准确地把握和理解养老市场顾客需求，更高效地开展机构运营和价值输出，更宽泛地衔接社会核心资源，并形成差异化竞争模式、服务利基市场，以及通过个性化产品开发，识别并满足"长尾需求"的能力。

通过战略合作实现优势资源互补是快速获取综合竞争力的不二法则。

目前，养老项目集中在经济发达地区，围绕京津冀、长三角、珠三角、川渝四个经济圈形成产业聚集区，其他地区仅有少量项目分布。

3.2 养老地产项目空置率较高

四大养老地产聚集区中，川渝地区养老地产项目空置率高达 47.5%，京津冀和长三角地区空置率超过 40%，珠三角地区空置率也达到 36.9%。而养老院入住率需要达到 75% ～ 85% 才能实现盈亏平衡。较高的空置率导致大部分养老地产项目基本处于亏损状态。

一些养老助残服务管理中心，社区养老"服务托管"模式试点机构，在获得免费设备和场地等政府优惠政策之后正式营业， 在试运营后却不得不面对亏损的尴尬；地产商开发建设"只租不售"老年公寓，开盘后出租率很低。养老产业的潜在需求很大，但有效需求不足，市场风险仍然很大。

"养儿防老"是中华民族几千年延续下来的传统观念。如何将养儿防老变为产业养老？如何让习惯于居家养老的老人走进老年公寓、老年社区？商业化养老社区打破并重构了老人的生活环境、社会网络，也将深刻地影响老

人日积月累所形成的生活习惯。中国社会的传统，与西方社会的文化传统和精神观念截然不同。在中国，从居家养老到社区养老，将改变人们的养老观念和行为，面临的问题势必比西方社会更为复杂和困难。

在居民个性化需求提高、计算机互联网等技术发展以及房地产行业转型影响下，未来中国养老地产行业将朝家居智能化、建筑多样化、服务人性化、社区规模化的方向发展。

3.3 养老地产融资成本、投资运营成本较高

设计盈利模式是养老地产关键的课题。

养老服务产业投资周期长、单位回报率低，使企业很难依靠会员费、租赁费、服务费等常规业务收入，以及政府可能提供的一次性运营补贴、床位补贴或税费优惠来获利。在养老服务产业，以目标顾客群为圆心，将针对养老群体的各类业务进行协同整合，是实现企业盈利最大化的重要手段。

养老服务产业的盈利模式大致可归为产品主导型、服务主导型和混合型三类。

3.3.1 产品主导型

以高端自理型老人为目标顾客群，通过老年公寓等地产项目的开发、销售和管理获得一次性收益。由于房屋产权销售有效覆盖社区开发建设成本，因而产品主导型养老服务的单位盈余水平很高，而资源周转率很低。影响产品定价的成本因素主要是社区开发建设和管理成本。房地产开发企业是产品主导型养老服务的主要提供方。

3.3.2 服务主导型

由于保监会明确规定保险公司不得以投资不动产为目的，参与或变相参与一级土地开发。因此，保险企业介入养老服务产业主要以服务主导型盈利模式为主。通过建设老年社区，以会员制的方式吸引以高端介护型老人为主体的养老人群。服务主导型盈利模式不涉及产权售卖与转让，因而资源周转率高，但单位盈余水平低；以服务成本和管理成本为主体的成本结构，决定了规模效益是其获利的重要保障。

3.3.3 混合型

以床位租赁费、管理/服务费为主要收益，主要面向低端自理型老人群体，能够获得一定程度的政府补贴。民营养老服务机构以建设养老院为载体，以最具经济性的方式提供基础服务，通过较低的运营成本，获取规模效益的方式实现盈利。

在业务协同方面，"险企系"的资金水平和业务属性与养老服务产业更加匹配：一方面，可以衔接医疗保险、护理保险等养老保险产品，开展交叉

销售和联合销售；另一方面，可以带动护理服务、老年科技产品、老年旅游服务等产业，延伸养老保险产品价值链。

3.4 养老地产相关立法和监管缺失

目前，中国还没有对养老地产进行规范的法律文件，无论开发商拿地还是物业等配套企业的运营，都与普通商品房并无二致。相关部门也无法对养老地产开发和运营进行有效监控。虽然国家出台了一些养老服务的相关政策，但目前各地方政府并没有相应出台具备系统可操作性的配套实施办法及措施。中央政策如何有效地影响养老市场，还存在诸多的不确定性因素。

目前，养老服务产业也面临金融风险。养老服务产业一次性投入高，回报周期长。普通养老地产社区的建设周期一般为 3 ～ 5 年，建成后可运营 50 年左右。开发企业不仅面临住宅开发的一次性投入，还有医疗服务中心、老年活动中心等医护、娱乐等配套设施和服务的持续投入。

若在出租率和预付费水平不确定的情况下，企业试图通过长期运营获得收益，将面临极大的金融风险。若养老地产项目没有得到政府补贴等政策扶持，土地出让及相关税费优惠，仅仅以租赁和服务收入几乎不可能实现盈利。

企业可以通过选择具备相应资源优势的医疗机构，打造医养结合的专业团队，或引入专业财务投资机构参与，规避中长期财务风险。房企可通过地产项目向当地医疗机构无偿赠送社区医院房屋产权，在小区开办社区医院，从而带动项目销售量与价双升。引入国际资本作为财务投资机构，也是有效缓解长期投资压力的战略布局。

3.5 私立养老机构两极分化

私立养老机构两极分化严重：低端质量堪忧，高端收费过高。私立养老院可分为低、中、高三个档次，低档养老院通常只提供生活必需条件，存在空间较小、护理人员不足、环境设施较差等问题。高端养老院虽然服务及生活条件较好，但是普遍收费较高。其收费区间通常在 8000 ～ 30000 元每月，对大部分家庭来说无法负担。公办养老院收费标准不高，由于是政府出资，环境通常较好，设备完善，周围也会有医疗机构，但由于公共养老资源非常有限，"一床难求"。

中国老龄化处在城乡二元经济结构、社会整体发展水平不高的背景之下。已进入或即将进入老龄化社会的国家中，中国"未富先老"现象尤为严重。2014 年，中国企业职工月人均退休金为 2082 元。养老人群所掌握的财富较少，直接影响其购买力。

4 养老机构设计前期调查

养老机构在开始进行设计之前，需做详尽的调查研究并提供相关资料：可行性研究报告、区域交通分析、用地许可证和规划许可证等。

4.1 可行性研究报告

明确市场分析和定位：项目是做高端、中端、基础型或是政府有相关要求和模式。定位决定了设计，包括居住房间的面积，户型比例和内容，还有服务的设施，装修的等级、人员的配比等。

4.1.1 确定目标顾客

产业中的目标顾客，可以依据需求层次与生活自理能力分为四类典型目标客户群。

（1）高端自理型和高端介护型两类群体，一般具有较高文化水平和购买能力，几乎没有家庭负担（如照看孙辈、资助子女等），有比较广泛的兴趣爱好和社交圈子，在生活和消费理念上更能够接受新式观念。他们应是行业重点关注对象。

（2）低端自理型老人群体，是绝大多数政府和社会福利性质养老院所面对的目标顾客，接受养老机构在最低成本约束下提供的基本养老服务，如老人床位、基础看护、娱乐等生活设施与服务。低端介护型老人群体成为中小规模民营养老服务机构的主要服务对象，以灵活服务、个性需求为特点的中低端养老服务产业的"长尾市场"。

以产权销售为内核的养老地产项目，对目标顾客而言，不仅意味着拥有独立、舒适的居住条件，可能还包含"老有所居、老有所依"的人生成就，以及可供遗赠子孙的增值资产。

以保健疗养为卖点的养老服务项目，其价值诉求重点并不在于是否从产权上拥有住所，而是作为尊贵会员所享受的定制化服务。

企业应该针对已确定的目标顾客，在深入调研和分析其需求特征的基础上，开发具有吸引力的价值诉求。

4.1.2 设计产品 / 服务组合

产品或服务是企业向顾客交付价值的载体，也是顾客购买的核心内容。在养老服务产业，产品或服务都是以组合的形式出现。无论是养老地产，还是地产养老，都表现为"居住环境 + 生活服务"的硬产品和软服务组合。

在硬件方面，核心要素包括居住小区选址 / 规模、产品形态（产权销售 / 会员制 / 租赁）、居住条件、医疗与娱乐配套设施，以及定价策略等；在服务方面，护理团队服务水平、医疗服务机构规模及服务能力，以及日常起居综合服务品质等是关键因素。

不同顾客对产品 / 服务组合各要素的匹配要求存在差异。例如自理型老人对居住空间私密性、娱乐及理疗设施完备性的关注更多，而介护型老人更关注居住小区的护理水平、医疗服务能力等。

（1）确定主要的床位面积和比例

户型要有一定区别，适合当地市场不同的购买需求。户型需和营销计划相符合。明确每种户型的面积，这样测算的建设面积才是准确的。确定了设计内容和规模之后开始设计床位（见表 5-1）。床位设置内容包括：

- 自理区　　（比例）

  两室一厅　　　　　（面积，比例）

  一室一厅　　　　　（面积，比例）

  单人间　　　　　　（面积，比例）

  双人间　　　　　　（面积，比例）

  别墅　　　　　　　（面积，比例）

- 介助床位　（比例）

  一床　　　　　　　（面积，比例）

  双床　　　　　　　（面积，比例）

- 介护床位　（比例）

  一床　　　　　　　（面积，比例）

  双床　　　　　　　（面积，比例）

此外，还可设置短期旅游观光服务床位，提高床位的使用率。旅游者会带来相关服务业的收入，并为老年社区名声起到宣传的作用。

表 5-1　养老院护理和收费表

	餐饮费	护理费	房费和管理费	6个月以上	6个月以下
别墅					
一室一厅					
两室一厅					
单人间					
双人间					
介助1床					
介助2床					
介护1床					
介护2床					

服务的收费和内容是相辅相成的，护理的等级决定了相关的建筑设置，以及人员设置。安养院和疗养院可提供以下服务。

生理护疗：帮助老年人保持健康状态。

体疗：帮助入住者提高身体素质，平衡、行走和灵活能力。

理疗：帮助入住者恢复和最大限度地进行自我恢复治疗。

口腔保健及治疗：帮助患者恢复语言和咀嚼能力。

食疗：注册食疗师为入住者提供专业顾问和营养建议，着眼于提供营养丰富可口的食物。

（2）明确康复医院的服务范围和内容

明确康复医院的服务范围是服务社区、市区还是更大范围。

① 要看 5~10 年之后的需求，而不是现在。

② 要看自身的定位和资源，以及未来发展的目标。

③ 如果有多个连锁网点，要看网络布点和运营计划。着眼于如何为患者和社区提供最方便的服务，建立口碑。

（3）明确老年服务设施的内容

① 日常生活服务设施

- 营养餐厅。
- 休闲餐厅。
- 咖啡屋、茶室。
- 老年用品超市、银行。
- 书店。
- 信报室。
- 美容美发室。

② 娱乐交谊服务设施

- 棋牌扑克室。
- 卡拉ＯＫ。
- 电影欣赏。

③ 文艺技艺

- 书法绘画。
- 音乐戏曲。
- 民俗活动。
- 手工艺制作，木匠／工艺工作室。
- 图书馆及计算机中心。

④ 运动养生

- 健身房。
- 体育馆。
- 乒乓球。

- 台球。
- 太极拳，广场舞。

⑤ 室外活动场地

- 室内和室外花园。
- 网球场或棒球场。
- 迷你高尔夫球场。
- 室内及室外游泳池。

4.1.3 设计配套功能

小区配有完善的生活配套设施，包括商业、文化娱乐、教育、健身活动等。社区老年大学应该设置动静结合的教学、运动、娱乐、休闲等区域，配备教室、运动馆、大礼堂、展览厅等设施。如条件允许，小区还应设百米的室外跑道、标准室内篮球场、室内恒温泳池等。养老辅助配套功能需统筹考虑对场地内已设计的功能进行补充，避免重复。商业应沿主要城市干道首层设置，门对外开，通过门禁管理社区安全。大型公共活动空间和多功能室等可利用下沉广场无柱部分设计，地面形成绿化和老人活动地。社区活动中心或老年俱乐部外设置相应的健身活动场地，方便大量老人的集体活动。

可设置以下内容，设计面积根据场地实际情况做必要的调整。

（1）商业：超市、商场、银行、保险、邮局、餐厅、茶室、咖啡等。

（2）文化：阅览室、书画室、网吧、棋牌室等。

（3）娱乐：手工室、音乐室、KTV 包厢、多媒体娱乐室、电影院等。

（4）医疗保健：药房、体检中心、中医治疗、SPA、足疗、美容等。

（5）教育：老年大学教室、多功能活动室、会议室、大礼堂、展厅等。

（6）健身：健身房、台球室、乒乓球室、室内恒温泳池等。

（7）室外活动场所：门球场、篮球场、羽毛球场、网球场、足球场、迷你高尔夫球场等。

4.2 交通分析

结合运营分析，确定停车位的数量以及地下空间的建设规模。因为地下建设的不可逆性，过去在很多医养项目中地下停车位数量不足，导致交通拥堵，停车困难。如果康复医院对外开放，承接周边社区乃至更大范围的服务，就会有门诊的人流以及常来做康复的健康人群，可以保证这个设施更大的知名度。那么就需要考虑以下方面。

（1）门诊探视停车：明确日门诊量、住院量以及周末探视人流高峰期的人流量。

（2）员工停车：分析员工的人数，其中包括医师和护理人员的规模。分析其出行方式，或制定相关的规定，提倡公交出行等，以保证患者的停车位，以及公交系统的可达性。

（3）急救消防：考虑康复医院设置的位置，急救车辆和周边医院最便捷的联系通道。

（4）货车：洁净和污物车辆的运送路线，以及停放位置和其他车辆的分离。

另外，还需对周边学校、公园、场馆和社区出入口进行分析，避免主要出入口和学校等人流的主出入口产生冲突。

4.3 用地许可证与规划许可证

在农用土地转换为养老用地的过程中，要逐步落实概念性规划，功能性质转变，经济指标测算，立项，取得规划认可，将土地变性等程序。

赔偿农民土地差价，最终将土地用途转换。每级政府每年的农用土地指标有限，需逐步转换。因而大规模项目的开发也是逐年推进。土地挂牌过程中不确定因素也很多，每一个过程都需精心准备。

5 康养小镇和智慧养老社区的规划设计

这部分以笔者设计的某康养小镇（谷）、智慧养老社区的规划设计及主要设计内容为例，进行具体的解析与阐述。

5.1 康养小镇的规划设计

项目将建设成为涵盖老年人生活方方面面、功能完备的养老公寓基地，全力打造持续养老照料社区（CCRC），建成集老年住宅和护理院，康复医院、配套生活、文化娱乐中心和休闲农业为一体的养老综合体。

由于社区通常规模较大，在规划设计时，应将养老居住产品相应地集中布置，并注意就近设置配套服务设施，节省服务管理的人力和物力，避免出现交通路线过长、服务不到位或老人出行不便等问题。

在与风景资源结合的项目中，老人可能仅在一年里的某个季节或时段来此居住，或者与家人、同伴前来短暂度假。在设计时应注意对养老居住产品的创新，例如设计新型的养老公寓，既适合单人、多人入住，又能满足举家度假、老人长期疗养的需求，还可以供老人与多位子女聚会庆祝、与多位朋友结伴度假等。同时，养老公寓的部分居室还可转变为宾馆客房，供公司集体开会、培训使用。这种适应性强、灵活可变的产品形式有利于开发者或管理者实现多种经营。

　　在前期，项目未进入稳定运营阶段时，老年公寓可采取复合居住模式，同一栋楼内可集合普通租赁住宅、酒店式公寓和老年公寓三种居住产品，使出租对象多样化，从而降低运营风险。设计时需要注意为不同的居住人群配置独立的出入口，可采用门禁、电梯卡等形式以便安全管理。

　　专为老年人安度晚年而设置的社会养老服务机构，应设有居住、生活、文化娱乐、医疗保健等多项服务设施。项目服务将包括自理、介助和介护三种类型，从而实现对老人生命周期的完整看护。使老人在健康状况和自理能力变化时可以在熟悉的环境中继续居住，并获得与身体状况相对应的照料、医疗、护理等全方位服务，从而实现医养康护一体化。

　　护理中心要经过三步来判断老年人入园后的居住场所和护理方案。遵循入住前专业评估、照护需求分级、设定照护目标、制订照护计划的国际标准流程，为失能、半失能以及失智长者提供兼顾生活照料和医疗护理的整合照护服务，实现一站式生活健康解决方案。根据老年人身体健康状况选定相应的居住场所，部分老人将在护理中心、康复医院和正常住所之间转换生活。

　　（1）科学评估：多学科团队进行科学的评估，充分了解老年人身体状况和护理的需求。

　　（2）分区护理：根据老年人身体评估结果，确定居住区域及护理的等级。

　　（3）量身定制：引入长期照顾服务和康复治疗标准体系，定制个性化照顾方案，满足老年人需求。

　　项目容积率应该在 1~2 之间，为了保证老年业主生活等方面的便利，住宅都是低层或多层，配以少量高层公寓。其中一期主要为"示范基地"的养老休闲生态住宅区及与之相配套的医疗、生活等设施建设；主要建设老人住宅及与之配套的健康管理中心、老年护理康复中心、生态休闲区、爱晚学院、老年文化娱乐健身中心，方便和丰富老年人的生活。二期逐步开发老年公寓、医疗康复医院、分时度假酒店、后勤综合服务楼等。

5.2 智慧养老社区的规划设计

　　项目建设的总体平面布置宜本着建设经济、交通方便、组织协调的原则进行安排，力求各建筑用地符合该养老机构的具体要求。在总体上划分五大区域：适老化居住区、养老文化娱乐区、医疗康复护理区、生态休闲区、综合服务区。完备的护理康复服务可以使老人放心地在此养老，舒适的环境和丰富的日常生活安排将使老人健康的生活充满喜乐。

5.2.1 适老化居住区

智慧养老社区的居住部分包括老年住宅、老年公寓和托老所。老年人在购买或租赁社区内的房屋后可以获得老龄阶段，从自理，介助到介护全程各种不同的服务。社区内的老年人公共建筑将按照老龄阶段介助老人的体能、心态特征进行设计，考虑老年人身体状况，行动不便等因素，提供人性化的关怀和良好的居住生活条件。

老年住宅：专供具有独立活动能力的老年人居住，并且符合老年体能和心态特征的住宅。

老年公寓：专供老年人集中居住，符合老年体能和心态特征的公寓，是具备餐饮，清洁卫生，文化娱乐，医疗保健服务体系的老年住宅，是综合管理的住宅类型。

托老所：短期接待老年人托管服务的社区养老服务场所，可分日托和全托两种。其起居、生活、文化娱乐、医疗保健等多项服务设施可结合养老社区相关设施共同使用。为周边区域老人或短期托管的老人服务，为当地政府养老事业贡献力量。

住宅区主要由五层到六层的多层电梯公寓、高层电梯公寓和中式小别墅组成，有公共建筑廊道、组团廊道和宅间廊道，确保行走畅通。老年公寓的低层架空层或相互联系的室内外空间，以及部分商业空间，鼓励老人相互间的交流，增强活动能力。

5.2.1.1 城市型养老分析

结合我国实际情况和人们希望居家养老的模式，老人主要在生病、康复、残疾、无人照理等情况下，选择入住养老院。特别是城市居民区，老人希望可以就近得到"医养护康社"五位一体的服务。

（1）自理型为主的养老机构或结合旅游的康复机构在郊区，或依赖社区居家养老。

（2）护理型养老机构平均半护理、全护理、临终关怀比例界定为50%、45%、5%。也有些专业护理院接受失能老人，失智老人较多。比例可达到：10% 、80%、5%。

（3）政府主导的养老院、公办民营机构，其主要宗旨还是在于提供刚需养老、介入护理、康复护理。同时解决孤寡老人、失智老人的照护问题。

5.2.1.2 "医养护康社" 五位一体

"医养护康社"五位一体的做法是针对我国目前养老的一项有效措施，其内容包括医疗、养老、护理、康复、社康这五项内容（见图5-1）。相较于传统单纯养老院护理或房地产养老，可为老人提供必要的全方位护理。

医疗：为老人提供必要的医疗服务，包括健康咨询、保健、康复、慢病管理和义诊。这要求机构储备必需的医疗人才和设备，为老人进行必要的身体检查，诊断以及相应的治疗。通常的模式为在养老院的首层设置小型门诊和急救，对周边社区的老人进行慢病管理和治疗。

养老：提供必要的养老服务，老人可入住养老院，做机构养老或者日间照料和居家的养老，提供上门服务，人文服务等。

护理：养老院同时提供护理服务，对部分失能失智老人进行护理。除了标准化的生活护理之外，还包括标准化的医疗护理，从而解决老人后期养老护理一体化的服务问题。

康复：老人在养老院经过护理之后，仍然需要康复。恢复期的时候，可提供个性化康复计划，进行康复治疗、康复指导和康复训练，从而引导老人逐步恢复健康。

社康：社区的健康管理，紧急救护以及门诊的体检。

五位一体的服务，不仅可以为居家养老的老人提供各种服务，也为生病，失去自理能力的老人提供了养老。护理和康复的全方位的服务，帮助更多城市居住型的老人解决后顾之忧。

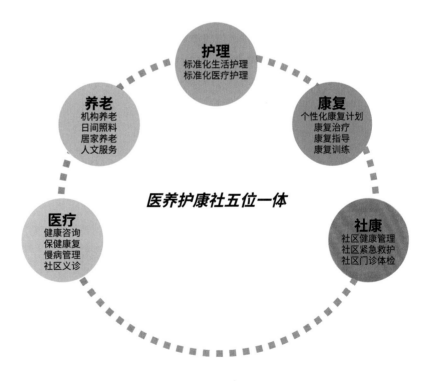

图 5-1　五位一体服务示意图

目前国内各大城市人口增长迅速，同时，社会人口老龄化的趋势也在逐渐凸显。在城市未来的发展过程中，养老基地的功能需求一定会更大。场地布局时应该考虑以下相关要素。

（1）预留发展：预见性规划将来扩建的可能性。不宜把场地一次布置满，留出足够的绿化广场用地。护理院建筑可设置于场地一侧，紧凑布局，提高护理效率，方便养老院的运营管理。

现在的方案设计如果缺乏长远规划的思维，一次性把场地用完，将来会面临3年一小改，5年一大改的局面。因为用房总是在随着养老需求发展不断完善，提升。如果没有预留，就只能进行内部改造、压缩，这必将导致使用的不便。反复修改，还会造成对环境的污染和对资源的浪费。

（2）打造环境：在场地与城市主干道相邻侧设置绿化休闲区和缓冲带，把护理院与主干道隔离，减少噪声和环境污染，特别是保证老人休息时的噪声控制，防止其失眠。

（3）利用资源：如果场地周边有医院或其他康复医疗设施，最好将养老院与之临近布置，考虑如发生紧急情况，可将老人快速送到医院的医疗救护通道。如果场地周边有公园、水景，可以将公寓和公共活动空间朝该方向布置，为养老院创造舒适、安全、优美的护理环境。

预留场地一方面可以给老年人更多的活动的便利，增强其活力和体力。另一方面也可以在未来需求量增大时加建。养老院的设计一般要求至少有35%的绿化率，这一部分实际上也是用来留出大片的空地，给予老人室外的活动空间。因为老人年纪大了以后，有时候因为身体疼痛等各方面的影响，或者是性情逐渐变得孤僻，不愿意下楼或者参与公共活动。我们参观时经常发现在养老院里，护理人员要多次催促，老人才会下楼来活动。因此必要的活动场地，将鼓励老人积极参与公共活动。多晒太阳，心情开朗，增强其身体抵抗力，是非常必要的，也是促进老年人身心健康的一个关键措施。

老人可在室外垂钓，种植各类花卉和蔬菜水果，增加和大自然接触的机会，从而更加活跃，热爱生活。室外运动也将促进老年人身心健康。

室外运动场地（见图5-2）应该考虑老年人参加大型运动会、集体组织活动，如做早操、跳广场舞、打太极拳、慢走等系列活动的需求。

活动场地不宜设在主入口前，防止人车混流对老年人活动的干扰。最好在侧面不受干扰处，形成动静分明的区域。或是按观赏休息区、种植手工艺区、运动康复区等进行区域划分。

场地铺地考虑渗水地面，防滑和无障碍设计。

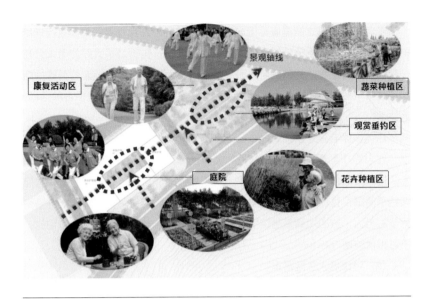

图 5-2　室外运动场地

5.2.1.3 养老院设计需考虑运维要点

(1) 提升居住品质和设计标准

现在有一些养老院，设计没有专业人员进行论证和管理，建设标准较低。整体布局缺乏对老年人生活必要的了解，内部功能不完善，设计不合理，没充分考虑养老院实际运行的情况，导致实际使用时护理人员怨声载道。装修的标准较低，缺乏相关适老化的细节。老年人的护理房间都设计成三人间，居住的环境较差。老年人的儿女来参观以后，根本就无法接受，认为如果将老年人安置在这样的环境之中，必然会被斥为不孝。所以，很多养老院开办之后，仅有人参观，却无人敢登记。

关于养老床位设计的问题。很多护理院，在每间房里面布置的床位过多，导致居住条件较差。试想，如果老年人在家都可以住单间，到护理院后却需要合住。而且每人的床位面积只有两平方米多。如果是在医院里，尚能理解。因为只是短暂居住，一星期或者最多一两个月。而在养老院里，老年人是长期在这样的环境居住，三个人在一起，如果有人打鼾或者夜间失眠，常影响到其他老年人的睡眠，必然会引起矛盾。

通常，养老院的设计，应该将床位配置为两人。一方面可以方便夫妇两人相互照顾。另一方面，不同的老年人可以搭配做伴。但是不适宜布置三人床，因为三个人住在一起，经常会有两个老年人可能会更加相投，而导致第三者的孤立。所以在养老院的床位布置，切不可将房间设置为三人间。当然床位越多，管理难度越大。在西方国家的养老院，基本上是单人间。如果做不到，也尽量设置成双人间。

（2）充分了解老年人生活习惯

老年人在入院之前需填写情况调查表，对老年人各方面的习惯进行详尽的了解。比如在分配床位时，夜晚打鼾的可以跟一些听力不太好的老人分在一起；晚上喜欢看电视的，可以和那些视力不太好的老人在一起；喜欢抽烟的不能和不抽烟的在一个房间；兴趣爱好相投的住在一起可以方便各种活动，等等。

目前，养老院还未成为一个公众可接受的事物，最佳选择是提高设计标准。老人的儿女看了之后至少知道为父母选择了一个条件更好的护理居住场所，这样才能放心地把老人接过来。对于那些经济条件不太好的老人，也应该给予照顾，让他们在养老院里能够体验更高品质的生活，这样才能够吸引更多的老人，放心地到养老院里来居住，而不把养老院看成是一个可怕的、不可相信的地方。

（3）考虑老人生活需求

普通的居住建筑通常一字排开，争取更多的南北朝向，满足中国人南北通透，自然通风采光的喜好和购买住房的标准。但是老人到了养老院以后，并不是来独居的，更多的是来过集体生活，体会集体公共活动的乐趣，和其他老人交流，打发老年孤独，并获得更好的护理等。

所以，"一"字形的住宅布局不适合养老院。因为在这种单廊的条件下，特别是双侧房间走道，会导致内部采光条件较差，产生类似宾馆的错觉。宾馆的居住者多数只是在晚上居住，而老人是需要长期在单元内活动。"一"字形的走廊不利于同层老人的沟通。U型或凹字形的走廊，结合公共的厨房、起居室、餐厅等空间设计，会增加老人之间沟通交流的机会，有利于老人走出门，更多地参与到公共活动当中。

（4）重点关注失智单元设计

失智单元的老人，经常会在单元内部进行走动。出于安全性的考虑，选择回字形的布局，老人在寻路的过程中形成闭环，避免老人走丢。同时护士也可以在四个角观察和监护老人的状况。

（5）缩短护理半径

护理过程中强调护理半径最短，以减少护理人员的往返奔波。老人的各种需求很多，一个护理人员一天可能在楼道里穿梭上百趟，一天行走距离达到十公里。同样一个房间如果设置的长度过长，护理距离过远，那么护理人员每天将会疲惫不堪，工作效率将会大打折扣。长此以往，将会降低其工作的积极性，或者需要聘请更多的护理人员以满足要求，而增加运营的成本。

（6）降低运营费用

养老建筑楼层数应尽量少。养老建筑设计规范中规定其最高为54m。一是养老建筑本身就不宜太高。在紧急救护的时候，老人的行动较慢，使用楼梯不方便。二是，低楼层适合老人更多地参与到公共活动中。三是有很多老人有恐高症，在高处容易出现眩晕等症状。

同层设置双单元可以节省人力，特别是在养老床位数较多的情况下。比如一个 1500 床的养老院，如果每层设置 30 个床位，需要有 50 层，按每栋楼 10 层计算需要分布在 5 栋楼。如果每层设置 50 个床位，那么只需要 30 层，按每栋楼 10 层计算需要分布在 3 栋楼。在夜间看护的时候，50 层需要有 50 个人值班，而 30 层只需要 30 个。在这种情况下，也可以将呼叫系统进行升级串联，在每栋楼首层设置集中的值班人员，这样可以大大降低人力成本。如大型养老院每年可因此在值班费上节约上百万元。

在白天值班的时候，护理人员也需要休息或者做一些其他的工作。在同一个楼层里，可以由其他护理人员代理。如果分散的楼层过多，不同楼层之间就无法相互协作，会导致护理的效率降低，需要雇用更多的人。这样增加了养老院的成本，导致本来就难以盈利的体系更加被动。

①独立生活

独立生活 1.0 户型：卧室 + 厨房 + 卫生间（约 35 ㎡）。

独立生活 1.5 户型：客厅 + 卧室 + 厨房 + 卫生间（约 55 ㎡）。

独立生活 2.0 户型：客厅 +2 卧室 + 厨房 + 卫生间 + 更衣间（约 70 ㎡）。

独立生活 3.0 户型：客厅 + 餐厅 + 门厅 +2 卧室 + 厨房 + 卫生间（约 100~140 ㎡）。

②失能护理

失能护理是指为失能、半失能老人提供兼顾生活照料及医疗护理的整合照护服务，实现一站式生活健康解决方案。社区将收留以下类型的老人，或为老人将来年龄段可能发生的状况提供护理。

需要疾病专业护理的人群，如老年慢性病、脑卒中、帕金森、术后康复治疗者；需要管路专业护理的人群，如鼻胃管、尿管、人工造口等；失能护理人群，如长期卧床者、尿失禁、留置导尿管、疾病期间需用药结果观察、衰弱症及肌少症患者、需长期提供肠内营养患者等。

③失智护理

失智护理是指为认知功能下降、有精神症状和行为障碍、日常生活能力逐渐下降的失智老人提供兼顾生活照料及医疗护理的整合照护服务，实现一站式生活健康解决方案。通过专业机构长期有效的照护，能够改善老人的认知能力、延缓记忆衰退进程、保持身体健康活跃，同时也解决子女对老人照顾的担忧和困扰，提升家庭幸福感。

通过"记忆照护"模式，隐性处理原则，塑造自由、平等、友好的氛围，让老人在被妥善照护的同时，能享受生活乐趣，并感受到生命尊严。主要服务内容包括：专业健脑游戏，用刺激、挑战等方式，保持大脑活跃，改善认知能力；每周设常规锻炼计划，特别安排记忆障碍专属健身活动；每日不同主题康娱活动，特别营造老人专属记忆场景；营养师精心安排三餐膳食，并补充特需营养加餐；近 60 项常规适老设施，还特别设计符合记忆障碍老人需求的专属环境设施。

失能者和失智者的居住位置可位于紧邻医院的上方，或在护理中心楼层内设置，方便突发情况下的及时送诊就医。

楼内设置进行专业康复训练的区域；有关爱中心，为老人提供服务，并确保突发情况的及时救助；每层配置中心浴室，方便为老人提供洗浴服务；楼层内设有餐厅，方便老人就餐，并设有包房，方便家属探视，并配置汽车停位。另外有公共活动区为社交活动提供温馨场所；楼内每层配有护士站；卧室内配有医疗专用护理床。医疗带包含氧气、负压吸引、医疗气体、紧急呼叫系统、沙发、电视、洗衣机等，并预留取暖设施，充分营造温馨与舒适的家的氛围。每户配有卫浴设施，卫生间门净宽不小于 90cm，配有斜面镜，方便乘轮椅的老人使用。

老年住宅和公寓户型设计为 56~140 ㎡，充分考虑不同区域和不同年龄，不同健康和经济状况老人生活的需求。公寓为精装全配空间，设置舒适地暖、无障碍入户门、一键紧急求助按钮等适老化设计。配备医用电梯，医用电梯与普通电梯最明显的区别是轿厢内面积大，可通过各种仪器和医用担架。同时，电梯内设盲文按钮、语音报站、二侧扶手、侧壁残疾人操纵箱等无障碍设置。层高达到 3m，即使是小户型，老人住在里面也不会感觉到压抑。

5.2.2 养老文化娱乐区

小区配有完善的生活配套设施，包括商业、文化娱乐、教育精神、健身活动等。文化娱乐区可集中设置在社区活动中心或老年俱乐部，并在外设置相应的健身活动场地，方便老人的集体活动。活到老，学到老，始终保持年轻的精神状态对老年人来说也很关键。

社区老年大学应该设置动静结合的教学区、运动娱乐休闲等区域，配备教室、运动馆、大礼堂、展览厅等。配合优秀的教师团队、丰富的课程体系和社团活动，让老人在此身心愉悦。小区还应设百米的室外跑道、标准室内篮球场、室内恒温泳池等。静态教学楼有烘焙、手工、书法等教室，动态教学楼则有练功房、舞蹈室等。

5.2.3 医疗康复护理区

设立医疗急救中心、康复医疗中心、护理中心（护理院）、健康管理中心，营养膳食中心及综合服务中心等，配备门诊专家、理疗专家、护理专家、营养师等高素质的专业人员，并配置高科技医疗设施及器械。

社区在前期未正式运营前，可设置康复医疗中心、护理中心。其功能定位以贴近社区、服务家庭为主，对于推进分级诊疗、促进医养结合具有重要作用。要避免前期大量投入而使用效率不高。在社区人群逐步入住和人口老龄化所产生的康复、护理需求达到设置护理院和康复医院的要求时，再开设相应服务设施。或一次性建设康复医院和护理院后分步开放使用。具体设计和开发需要进行详细的市场调研分析后确定。

5.2.3.1 康复医疗中心

康复医疗中心应独立设置，为慢性病、老年病以及疾病治疗后恢复期、慢性期康复患者提供医学康复服务，促进其功能恢复或改善；或为身体功能（包括精神功能）障碍人员提供以功能锻炼为主，辅以基础医疗措施的基本康复诊断评定、康复医疗和残疾预防等康复服务，协助患者尽早恢复自理能力。

康复医疗业务用房至少应当设有接诊接待（包括入院准备）、康复治疗、康复训练和生活辅助等功能区域。其中，康复训练区总面积不少于 200 ㎡。提供住院康复医疗服务的，还应当设有住院康复病区。

（1）床位设置

提供住院康复医疗服务的，住院康复床位总数应设置在 20 张以上。

不提供住院康复医疗服务的，可以不设住院康复病床，但应设置不少于10 张的日间康复床。设置康复床位超过 30 张的康复医疗中心，可提供亚专科康复服务。设置康复住院床位和只设置门诊康复医疗床位的康复医疗中心，均可提供日间综合性康复医疗服务和家庭康复医疗指导。

（2）专科设置

①功能评测

可设运动平衡功能评定室、认知功能评定室、言语吞咽功能评定室、作业日常活动能力评定室、心理评定室、神经电生理检查室、心肺功能检查室、听力视力检查室、职业能力评定室。不同等级的医院对设置的房间有数量的规定，可参照相关标准。

功能评测提供服务包括运动功能、感觉功能、言语功能、认知功能、情感—心理—精神功能、吞咽功能、二便控制功能、日常生活活动能力评定，个体活动能力和社会参与能力评定，生活质量评定的测评用房等。

②康复治疗

可设骨关节康复科、神经康复科、脊髓损伤康复科、老年康复科、心肺康复科、疼痛康复科、听力视力康复科、烧伤康复科中的 6 个科室，以及内科、外科和重症监护室。

康复治疗提供包括脑损伤（如脑卒中、脑外伤、脑瘫等）、脊柱脊髓损伤、神经损伤等神经系统疾患的康复治疗；骨折—脱位、截肢、髋—膝关节置换术后、运动损伤等骨关节系统疾病或损伤的康复治疗；慢性疼痛的康复治疗；肿瘤康复治疗；中医康复治疗（包括针灸、推拿、拔罐、中药熏洗治疗等）以及一些明显功能障碍（如下肢深静脉血栓形成、压疮、肌挛缩、关节挛缩、异位骨化、神经源性膀胱和肠道功能障碍等）稳定期或后遗症期的康复处理，与所提供康复服务相关的急救医疗用房。

③物理治疗

可设物理治疗室、作业治疗室、言语治疗室、传统康复治疗室、康复工程室、心理康复室和水疗室。

运动治疗：主动运动训练、被动运动训练、辅助用具训练等。

物理因子治疗：电疗、热疗、冷疗、磁疗、光疗、超声治疗、力学疗法、生物反馈治疗等。

作业治疗：日常生活活动训练、职业活动训练、教育活动训练、娱乐—休闲活动训练、认知—行为作业训练、家庭生活训练、人际交往训练、主要生活领域训练、社会—社区—居民生活训练、社会适应性训练等。

言语治疗：失语症治疗、构音障碍治疗、语言发育迟缓治疗等和康复辅具应用（包括假肢 - 矫形器、轮椅、自助具、智能辅助装置等）。

④医技

医学影像、医学检验、药剂、检验、营养、手术和消毒供应等保障服务。

⑤职能科室

医疗质量管理部门、护理部、医院感染管理科、病案统计室、信息科、社区康复服务部门等。

5.2.3.2 护理院

护理院是为长期卧床患者、晚期姑息治疗患者、慢性病患者、生活不能自理的老年人以及其他需要长期护理服务的患者提供医疗护理、康复促进、临终关怀等服务的医疗机构。

（1）床位设置

护理院的住院床位总数在 50 张以上。

（2）科室设置

①临床科室

至少设内科、康复医学科、临终关怀科。可设置神经内科、心血管内科、呼吸内科、肿瘤科、老年病和中医等科室。各临床科室应当根据收治对象疾病和自理能力等实际情况，划分若干病区。病区包括病房、护士站、治疗室、处置室，必要时设康复治疗室。临终关怀科应增设家属陪伴室。

②医技科室

至少设药剂科、检验科、放射科、营养科、消毒供应室。

③职能科室

至少设医疗质量管理部门、护理部、医院感染管理部门、器械科、病案（统计）室、信息科。

（3）建筑设计

①护理院的整体设计应当满足无障碍设计要求。

②病房每床净使用面积不少于 5 ㎡，床间距不小于 1m。每个病房以

2~4 人间为宜。

③每个病房应当设置储藏衣物的空间，并宜设无障碍卫生间，卫生间地面应当满足易清洗、不渗水和防滑的要求。

④设有独立洗澡间，配备符合防滑倒要求的洗澡设施、移动患者的设施等有效安全防护措施。

⑤设有康复和室内、室外活动等区域，且应当符合无障碍设计要求。患者活动区域和走廊两侧应当设扶手，房门应方便轮椅进出；放射、检验及功能检查用房，理疗用房应当设无障碍通道。

⑥主要建筑用房不宜超过 4 层。需设电梯的建筑应当至少设置 1 部无障碍电梯。

⑦设有太平间。

（4）相关设备

①基本设备：至少配备呼叫装置、给氧装置、呼吸机、电动吸引器或吸痰装置、气垫床或具有防治压疮功能的床垫、治疗车、晨晚间护理车、病历车、药品柜、心电图机、X 光机、B 超、血尿分析仪、生化分析仪、恒温箱、消毒供应设备、电冰箱、洗衣机、常水热水净化过滤系统。

②临床检验、消毒供应设备：与其他合法机构签订相关服务合同，由其他机构提供服务的，可不配备检验和消毒供应设备。

③急救设备：至少配备心脏除颤仪、心电监护仪、气管插管设备、呼吸器、供氧设备、抢救车。

④康复治疗专业设备：至少配备与收治对象康复需求相适应的运动治疗、物理治疗和作业治疗设备。

⑤信息化设备：在住院部、信息科等部门配置自动化办公设备，保证护理院信息的统计和上报。

⑥病房每床单元基本装备：应当与二级综合医院相同，病床应当设有床挡。

5.2.3.3 健康管理中心

健康管理中心的设计内容包括以下方面。

①社区的各个管理服务站，内容包括接待、大厅、诊室、检查、检验、预防保健、咨询、档案管理、远程问诊、会议室、办公室、污洗、库房等功能用房。

②健康管理平台服务总站：包括监控中心、信息中心、控制室、UPS、软件工程师工作站、办公和休息辅助用房。

③植入于社区内每个家庭的健康管理服务的设施，包括硬件和软件的设施，互联网 App，信息以及智能化设备。

④根据项目需求提供可移动的健康管理驿站，提供流动的健康管理服务、治疗服务，以提高健康管理服务设施的使用效率。移动设施相应配备互联网检查、远程问诊 App 以及和平台链接的信息网络系统和无线设施。更方便地

为终端客户提供相关检查，治疗服务。

5.2.4 生态休闲区

生态休闲区以养生文化、中医文化为核心，围绕特色文化体验，以文化创新、传承教育、艺术创意、生态健康、都市生活作为核心理念，打造特色康养文化产品，建设体现传统文化和当代人文关怀的"文化养老"模式，实现文化产业和康养产业的一体化融合发展。打造一个不可复制的生态、时尚、娱乐、都市、休闲、健康相结合的生态休闲区。

生态休闲区涵盖树木、水景、山水游泳池，利用优质的天然生态环境，为老人提供优越的生态休闲场所。林农种植等生态旅游区地势开阔，充满田园风情，在规划上除了以农艺观光为主的养老型农庄、观光果园、观光植物园、生态养殖园外，还设立供老年人交流的高级老年会所、老年休闲与运动广场、花房、钓鱼台及入口广场等，以便营造一个功能完备、幸福舒适的养老康复环境。

5.2.5 综合服务区

"示范基地"主要建筑群包括老年公寓楼群、老年学院大楼、康复医疗中心楼、介护老年人护理楼、图书馆等附属设施，综合服务区包括行政办公综合楼、物业管理办公室、物资库房、员工宿舍、洗衣房、厨房、综合维修部、保洁部等。

5.2.5.1 设计原则

（1）设计人性化

①老年人公共建筑的出入口、水平通道和垂直交通设施，以及卫生间和休息室等部位，应为老年人提供方便的设施和服务条件。

②建筑宜设计为三层及以下，四层及以上的建筑应设电梯。电梯前厅和电梯内要确保担架及轮椅的活动范围。

③出入口顶部应设雨篷；出入口平台、台阶踏步和坡道应选用坚固、耐磨、防滑的材料。

④平面设计要方便老人出行，台阶不宜过多（有台阶处应有相应的无障碍通道）。

⑤楼梯踏步高度不大于140mm，踏面宽度不小于300mm，坡道坡度小于1/12，两侧要有扶手，每间隔200m应设休息座椅。室内地面应采用防滑设计，墙面设置防跌扶手。

⑥各种开关、按钮均采用大型号，避免老年人因视力下降而使用不方便。

⑦要保证充足的阳光入室，空间通透；入户阳光花园、阳台相通，便于串门和互相照应等。

总之设计要人性化，无障碍居住，满足老年人的特殊使用功能和要求。

（2）生活智能化

项目应充分发挥智慧医疗和智能助残科技优势，将项目整体接入互联网医共体，为入住老人提供成系列的现代化养老、助老及康复设施，让入住老人在享受"康养谷"本身的医疗服务外，还能足不出户即可享受来自全国各大医院及知名专家提供的医疗保健服务，形成双重医疗保障体制，提供更便利、更智能、更高端的康养服务。

①社区配备紧急呼叫对讲系统、安防系统、网络系统、消防系统等保障老人安全。

②中心入口安装有密码锁及 24 小时警报系统，外来人员如果没有获得内部人员的同意就无法进入。

③老人信息存档后保障个人的隐私和人身安全，实时监控，及时有效地保护老人。

④信息中心可以实现查看老人的位置信息、养老院人员动态变化、突发事件求助和危险区域报警等功能。

⑤防火系统包括感烟感热自动报警设备。

⑥电话、有线电视和快速网站。

⑦家庭护理（上门服务、专职护士、理疗）食物直接送到房间。

（3）户型合理化

充分考虑不同年龄阶段、不同阶层、不同居住人数等的不同居住要求，大部分单户面积控制在 40 ~ 60 ㎡。户型设计要人性化、合理化。

（4）建筑艺术化

要有相应的较高水平的建筑艺术，给视觉以美感，使之由美感产生吸引力。

满足以上这些要求的同时，当然还要保证建筑工程质量合格、建材环保、装修美观大方、功能分区明确等基本建筑标准（见表 5-2）。

表 5-2 郊区型康复养老社区造价

编号	工程和费用名称	估算价值（万元）	计量指标	单位	数量	单位造价（元/㎡）
一	养老公寓和服务设施	49379.46	建筑面积 BGSF	㎡	130980	3770
二	护理楼	25537.91	建筑面积	㎡	61242	4170
三	别墅	7938.00	建筑面积	㎡	21000	3780
四	地下室(不包括人防)	22818	建筑面积	㎡	60000	3803
五	人防工程	1113.00	人防建筑面积	㎡	2000	5565
六	基础和开挖工程	4290	建筑面积	㎡	60000	715
七	医疗附属工程	796.15	建筑面积	㎡	61242	130
八	室外配套	1671.91	建筑面积	㎡	61242	273
九	绿色工程	379.50	建筑面积	㎡	33000	115
十	**工程投资费用合计**	**113928.68**	**总建筑面积**	㎡	252222	4517
十一	工程建设其他费	11392.92	——	——	——	——
十二	预备费	6265.92	——	——	——	——
十三	**建设项目总工程师投资费用**	**131584.22**	**总建筑面积**	㎡	252222	5217

5.2.5.2 康复养老居住设施（见图 5-3）

独立居住区：住户多是身体健康的老年人。提供住房和食物，不需要特别护理；提供各种尺寸的公寓，共居式住宅和别墅。除满足一般住宅的设置外，还提供紧急呼叫系统，卫生间把手等安全设备。

安养院：住户需要日常的生活护理但也希望有私人空间；提供专业管理服务，需要特别护理；带小型厨房的单间或一房公寓；居住环境住家化；可提供集体餐厅和供社交娱乐的公共空间。

疗养院特别护理区：住户需要专业护士长期或短期护理，并且需要恢复疗养来恢复和改善他们的能力；提供专业管理服务和特别的护理；可供两人居住的带家具和卫生间的一房公寓；提供医疗护理和类似医院的设备；规模较大。

（1）**康复治疗设施**

安养院和疗养院可提供各种生理护理和治疗，并帮助老年人保持健康状态。

体疗：帮助入住者提高身体素质，平衡、行走和灵活能力。

理疗：帮助入住者恢复和最大限度地进行自我恢复治疗。

口腔保健及治疗：帮助患者恢复语言和咀嚼能力。

食疗：注册食疗师为入住者提供专业顾问和营养建议，提供营养丰富可口的食物。

神经理疗：提供顾问和恢复治疗。

（2）**健康疗养服务**

定期的医疗检查，所有养生社区中心都有注册护士。

（3）**个人护理**

每个入住者都可享受佣人和清理服务。每周清洗一次床单枕巾，每两周清理一次房间。

维护修理居家设备，包括提供炉子、熨斗等家用器具。

维护整个房屋的建筑部分，如墙体、天花板等。

提供美容、洗浴、洗衣、家务以及照顾日常生活的服务及配套管理。

给入住者及客人提供停车位。

（4）**安全系统和额外服务**

中心入口安装有密码锁及 24 小时警报系统。

老人信息存档，实时监控，有效地保护老人隐私与安全。

信息中心可以实现查看老人的位置信息、养老院人员动态变化，突发事件求助，危险区域报警等功能。

防火系统包括感烟感热自动报警设备。

电话、有线电视和快速网站。

食物直接送到房间。

家庭护理（上门服务、专职护士、理疗）。

干洗。

图 5-3　康复养老居住设施

（5）行政、科研、教学用房

行政管理用房包括办公用房、计算机网络中心用房、图书及医务档案室等。其中信息科医务档案室（病案室、统计室、出生医学证明管理、妇幼信息管理、档案库房管理）共计工作用房约为 1200m²。拟设置大厅、办公部分、图书信息中心、会议中心、科研部分、教学部分、病案库以及信息备份机房等功能。办公部分、科研部分及会议部分的入口大厅宜分别设置，会议中心大厅需同时兼具展示宣传功能。

①办公部分

院办、人事科（含人事档案）、监察室、党办、宣教科、纪委、工会、团委、财务科（财务资料室）、绩效办、医保办、审计室、总务科、设备科、基建科、保卫科、预防保健科、护理部、院感科、医务科、信息科。

②医学图书馆

图书阅览、网络阅览及配套辅助用房，建议按图书密集柜设计。

③会议中心

包括学术报告厅（建议考虑多功能使用，最多可容纳 1000 人同时开会）、中小型会议室若干及贵宾接待休息室、库房等配套辅助用房，且能满足示教及医学会诊的需求。

④科研部分

各实验室及动物室。

⑤教学部分

普通教室、阶梯教室、资料室、会议室、培训用房（含示教）及配套辅助用房。

⑥病案库

设置温控、湿控设备，能够容纳病历 20 万份。建议按图书密集柜设计。

⑦信息机房

主机房的设置应能满足养老院运行的需要，并符合技术先进、维护方便、便于扩展等要求，宜设置在建筑较低楼层。建筑平面和空间布局应具有适当的灵活性，主机房的主体结构宜采用大开间、大跨度的柱网，内隔墙宜具有一定的可变性。备份机房用来备份信息主机房的资料，防止主机房因突发情况导致资料丢失。备份机房的设置不宜与主机房在同一建筑内，距离也不宜过远。

（6）后勤生活用房

①食堂

营养食堂：应自成一区，宜邻近病房，并与之有便捷联系通道。配餐室和餐车停放室（处），应有冲洗和消毒餐车等设施。应避免营养厨房的蒸汽、噪声和气味对护理区的干扰。平面布置应遵守食品加工流程。

营养厨房：应设置主食制作、副食制作、主食蒸煮、副食洗切、冷荤熟食、回民灶、库房、配餐、餐车存放、办公和更衣等用房或区域。应能够提供送餐服务，同时设置可供病人家属用餐的餐厅。同时，应考虑特殊病人的主副食制作（流食等）和考虑营养师的工作区域，此区域应独立成区。

职工食堂：应能够满足职工用餐，可分区用餐。营养厨房应设置主食制作、副食制作、主食蒸煮、副食洗切、冷荤熟食、回民灶、库房、配餐、餐车存放、办公和更衣等用房或区域。

②职工倒班宿舍、实习生宿舍

满足 20 名倒班医生以及 20 名实习生的住宿。

③被服中转站

污衣入口和洁衣出口处应分别设置。宜单独设置更衣间、浴室和卫生间。工作人员与患者的洗涤物应分别处理。建议采用社会化服务，仅设收集、分拣、储存、发放处。

6 养老设施面积的确定

6.1 居住面积规划和设计

在规划养老社区时，首先要确定相关的功能和面积比例。其中包括居住区和配套服务功能的比例，以及居住区内部自理区、介入护理、失能失智护理的比例。如果社区规模较大，包含康复医院和护理院，则要确定相应的床位为康复护理床位，以便为高龄老人提供全生命周期的护理。

6.2 养老居住的配比

某养老社区有 72 个别墅，27 个木屋，576 个独立的公寓，72 个介入护理和 79 个失能护理（见图 5-4）。这个社区的养老运营得非常成功。从配比上可以看出，在全部 817 个床位中，10% 为介护，10% 为失能护理，10% 为高端别墅，70% 为普通的养老公寓。

这个养老社区在位于市区 1 小时的路程之内，因而设置失能和高危老人的比例不宜太高，仅为社区内老人自然衰老提供护理。而城市类型的养老，特别是市区中心的养老，失能老人的比例可能达到一半以上，因为绝大多数的老人以居家养老为主，只在身体条件差的时候才到机构寻求护理。

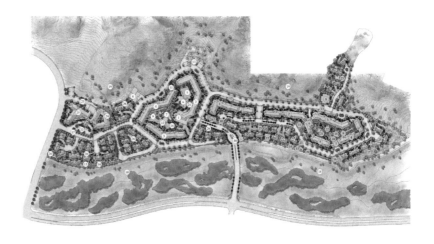

图 5-4 某养老社区平面图

通过对国内外一些案例的分析研究，跟踪老人从退休，到身体不适入住养老机构到最终的旅程，我们发现近郊区的大型养老居住区中有65%~70%的住户是自理型，30%左右会需要不同程度的护理。护理等级又可从大的范围划分为介入护理和失能护理。其中失能护理需提供的配套设施和服务与普通居住环境又有很大差异。一般10%~15%的老人为失能老人并为其提供专业护理，而需要介入护理的老人为20%~25%（见表5-3至表5-7）。

表5-3　500床养老建筑居住护理配比和经济技术指标表

养老房型类别	面积(㎡)	个数	比例(%)
自理区	**24460**	**650**	65
别墅	0	0	0
2房2厅	2113	32.5	5
1房2厅	4875	97.5	15
1房	10920	325	50
1房2床	6552	195	30
介入护理	**1448**	**250**	25
1人间	5880	175	70
2人间	2520	75	30
失能护理	**3360**	**100**	10
3人间	1680	50	50
2人间	1008	30	30
1人间	672	20	20
净面积总计	**42268**	42.27	——
居住建筑面积总计	**60382**	60.38	87
配套建筑面积总计	**9057**	9.06	13
建筑面积总计(㎡)	**69439**	69.44	——
建安投资总计(万元)	**38192**	38.19	——

通过精准规划，关于上表中500床的养老社区，将得到以下的关键数据。

（1）建筑面积约达6.9万㎡，配套面积约为1.2万㎡。配套面积占13%，基本符合配套占总建筑面积10%~15%的标准。配套占整个建筑的比例会随着社区规模的扩大而不断缩小，因为很多设施在人数少的时候作为必要的配套，均摊成本较高。项目的规模在一定程度决定了设施的高效性。

（2）每个床位的平均建筑面积约为70m²（包括配套设施，不包括地下停车设施）。而这个标准是建立在自理区的房间80%是一房，只有20%左右的房间是一房一厅和两房一厅的基准上的。

绝大多数老人是在老伴离去，自己身体不方便的情况下选择入住养老机构。而入住后为了让老人更多地融入社区活动，增强活动力，居住空间可以相对紧凑，以促进老人进行更多的公共活动。部分房间设置 2 个床位以方便夫妻双方互相照顾，或是满足经济上有不同需求的老人。

从老人对生活空间的需求来说，一房配独立卫生间，厨房和小的起居工作台空间已经足够。一房一厅就相对比较宽裕，两房两厅适合一对夫妇生活。考虑到大多数老人的刚需和经济能力，以及养老过程的其他开支，户型设计中应该以经济实用，舒适安全为首要目标，避免面积过大，华而不实的设计。

表 5-4　500 床自理型养老居住护理配比和经济技术指标表

养老房型类别	面积(㎡)	个数	比例(%)
自理区	12230	325	65
别墅	0	0	0
2房2厅	1056	16.25	5
1房2厅	2438	48.75	15
1房	5460	162.5	50
1房2床	3276	97.5	30
介入护理	7224	125	25
1人间	2940	88	70
2人间	1260	38	30
失能护理	1680	50	10
3人间	840	25	50
2人间	504	15	30
1人间	336	10	20
净面积总计	21134	42.27	——
居住建筑面积总计	30191	60.38	87
配套建筑面积总计	4529	9.06	13
建筑面积总计(㎡)	34720	69.44	——
建安投资总计(万元)	19096	38.19	——

表 5-5 500 床护理型养老建筑居住配比和经济技术指标表

养老房型类别	面积(㎡)	个数	比例(%)
自理区	**5645**	**150**	30
别墅	0	0	0
2房2厅	488	7.5	5
1房2厅	1125	22.5	15
1房	2520	75	50
1房2床	1512	45	30
介入护理	**14448**	**250**	50
1人间	5880	175	70
2人间	2520	75	30
失能护理	**3360**	**100**	20
3人间	1680	50	50
2人间	1008	30	30
1人间	672	20	20
净面积总计	**23453**	46.91	——
居住建筑面积总计	**33504**	67.01	87
配套建筑面积总计	**5026**	10.05	13
建筑面积总计(㎡)	**38529**	77.06	——
建安投资总计(万元)	**21191**	42.38	——

（1）这里的假设是建筑平面的使用效率是 70%，也就是除了楼梯、电梯和交通走道外，居住空间的净面积应该达到整个面积的 0.7。

（2）如果按 5500 元 /㎡ 计算，建安总造价约 5 亿元，建安成本均摊到每个床位约为 38 万元（未包含地下室）。

在我们将总床位数改为 500 床时，发现如果护理、自理和失能的比例不变，居住建筑面积每个床位约 60㎡ 的标准将不会改变，其单个床位的建安投资成本也保持不变，仍然是 38 万元 /㎡。综上所述，在护理模式和床位比例确定的情况下，单个床位的规模和投资将是确定的。

表 5-6 养老配套用房表

房类别(床位数)	500床配套用房面积（㎡）		300床配套用房面积（㎡）		100床配套用房面积（㎡）	
	单床面积	总计	单床面积	总计	单床面积	总计
入住服务用房	0.26	130	0.34	102	0.78	78
卫生保健用房	1.23	615	1.47	441	1.93	193
康复用房	0.57	285	0.72	216	1.2	120
娱乐用房	0.77	385	0.84	252	1.2	120
社会工作用房	1.48	740	1.54	462	1.62	162
行政办公用房	0.83	415	1.07	321	1.45	145
附属用房	3.57	1785	3.97	1191	5.19	519
净房间面积合计	8.71	4355	9.95	2985	13.37	1337
实际面积合计	12.44	6221	14.21	4264	19.10	1910
生活用房	56	28000	56	16800	56	5600
总面积	68.44	34221	70.21	21064	75.10	7510

表 5-7 养老配套用房使用面积指标表

房类别(床位数)	500床配套用房面积（㎡）		300床配套用房面积（㎡）		100床配套用房面积（㎡）	
	单床面积	总计	单床面积	总计	单床面积	总计
入住服务用房名称						
接待服务厅	0.1	50	0.12	36	0.3	30
入住登记室	0.04	20	0.06	18	0.12	12
健康评估室	0.07	35	0.08	24	0.18	18
总值班室	0.05	25	0.08	24	0.18	18
合计	0.26	130	0.34	102	0.78	78
卫生保健用房名称						
诊疗室	0.05	25	0.08	24	0.24	24
化验室	0.04	20	0.06	18	不单设	0
心电图室	0.025	12.5	0.04	12	不单设	0
B超室	0.025	12.5	不单设	0	不单设	0
抢救室	0.1	50	0.16	48	0.24	24
药房	0.05	25	0.06	18	0.15	15
消毒室	0.03	15	0.05	15	0.12	12
临终关怀室	0.14	70	0.2	60	0.32	32
医生办公室	0.16	80	0.2	60	0.24	24
护士工作室	0.62	310	0.62	186	0.62	62
合计	1.23	615	1.47	441	1.93	193
康复用房名称						
物理治疗室	0.43	215	0.48	144	0.84	84
作业治疗室	0.14	70	0.24	72	0.36	36
合计	0.57	285	0.72	216	1.2	120

表 5-7（续表）

房类别(床位数)	500床配套用房面积(㎡)		300床配套用房面积(㎡)		100床配套用房面积(㎡)	
	单床面积	总计	单床面积	总计	单床面积	总计
娱乐用房名称						
阅览室	0.1	50	0.12	36	0.24	24
书画室	0.07	35	0.08	24	0.24	24
棋牌室	0.12	60	0.16	48	0.24	24
亲情网络室	0.48	240	0.48	144	0.48	48
合计	0.77	385	0.84	252	1.2	120
社会工作用房名称						
心理咨询室	0.48	240	0.48	144	0.48	48
社会工作室	0.1	50	0.16	48	0.24	24
多功能厅	0.9	450	0.9	270	0.9	90
合计	1.48	740	1.54	462	1.62	162
行政办公用房名称						
办公室	0.34	170	0.4	120	0.4	40
会议室	0.14	70	0.18	54	0.24	24
接待室	0.07	35	0.08	24	不单设	0
财务室	0.03	15	0.05	15	0.15	15
档案室	0.04	20	0.05	15	0.18	18
文印室	0.03	15	0.05	15	不单设	0
信息室	0.04	20	0.06	18	0.12	12
培训室	0.14	70	0.2	60	0.36	36
合计	0.83	415	1.07	321	1.45	145
附属用房名称						
警卫室	0.03	15	0.05	15	0.12	12
食堂	1.21	605	1.21	363	1.21	121
职工浴室	0.25	125	0.25	75	0.25	25
理发室	0.05	25	0.06	18	0.15	15
洗衣房	0.58	290	0.76	228	1.2	120
库房	0.67	335	0.72	216	0.78	78
车库	0.1	50	0.16	48	0.48	48
公共卫生间	0.39	195	0.4	120	0.46	46
设备用房	0.29	145	0.36	108	0.54	54
合计	3.57	1785	3.97	1191	5.19	519

6.3 案例分析：国外康复医院的规划设计

　　芝加哥榭丽瑞安康复中心（Chicago Shirley Ryan Rehabilitation Hospital）的每一个实验室都通过特定专科和图形结合设计，为运动康复的度量提供了机会，让康复治疗在每个空间都可以开展，并且可以被测量到。实验室每两层连通，中庭内设置楼梯、医疗设备和装置，让运动空间更加连贯，互相渗透，也使患者在高层住院环境里可以感受到更广阔的空间。

　　因为康复患者的住院时间较长，住院病房的设计在同层内提供全方位的专科服务，使诊断、治疗、康复一体化。让患者不用下楼就可以进行各种康复训练，和医师交流。既方便患者，又减轻了病房的垂直交通压力，同时也提高了医生的工作效率。病房沿外墙四周设计，提供了全方位的视觉景观。室内明快的色彩，具有帮助康复患者驱走压力，减轻心理负担，提升治疗希望的作用，同时也让整个环境和空间显得更加富有活力、动力和张力，是治愈环境的典范。

第二部分

设计思考

1 注重医院建筑与环境的融合

目前，笔者比较关注如何结合实际条件和区位环境进行设计，使其具有独创性，争取每个项目解决一个新的问题，并具有一定的可借鉴性，可以用来指导将来的设计。对于医院来讲，虽然有一定的设计流程和模式，但并不代表没有创新可言。现在大家都认为国内的医院一模一样，并且将其当作医院标准。这完全是因为我们的设计缺乏创造性而给使用者和观者的误导。

在医院建设中，比较突出的问题是医院用地紧张，很多医院建在山区，或是高差较大的地方。这时候就不能简而化之，必须尊重环境，创新地思考问题。例如，之前设计并已在施工的深圳罗湖区中医院莲塘分院，地形高差非常大。我们在如何合理地结合地形，巧妙地布置功能，充分考虑患者就医的方便性，以及在容积率较高的情况下如何争取创造出更多的患者活动空间，并有助于提升社区绿化等方面产生新的想法，同时形成新颖的建筑形式（见图 A1-1）。

再如，贵阳某医院，场地在山地上，用地也非常紧张，前后高差超过70m，在整体功能、交通流线组织、消防设计上非常具有挑战性。前期针对台地方案推敲了半年多，最后将建筑前后两部分在高处衔接起来，方便患者到达医院，并形成屋顶康复花园。

另外，深圳某医院项目也在山上，场地长 500 多米，形状非常不规则，我们希望采用一种新的分区理念，把健康、亚健康、重症和普通患者按轻重缓急进行合理分流，解决大型医院交通拥挤、人流混杂的状况。

图 A1-1 深圳市罗湖区中医院莲塘分院

项目构想了一个由东侧山体自然生长出来的指状布局的建筑形态，打破了传统大尺度建筑单一体量的设计手法，形成五栋并排而立的建筑形体，使景观和建筑产生互动和交流，延续了山体环境中的生态脉络（见图 A1-2）。"以生态为根本，以患者为中心"的设计理念得到了充分体现，从而营造出独具特色的自然生态、园林式医疗新模式。项目巧妙地运用模块式设计理念对建筑形体进行组合，有利于施工和分期开发。一期建筑面积约 83500 ㎡，规模 600 床，二期扩建办公楼，补充 400 个病床。

图 A1-2 深圳某医院项目

我们每做一个设计，都希望使建筑充分地融合到环境里，尊重自然。充分利用现有条件，并形成一个新的视觉焦点。我们希望医院不是千篇一律的"治病的机器"，而是一个处处为患者考虑，充满人文关怀的康复花园。这在项目中也得到了很好的表达。设计之初，便开始思考不再套用传统的医疗街模式，而是让建筑更开放，让患者在与自然的接触中舒展身心，缓解压力，达到最佳康复效果。

1.1 注重医院设计技术革新

随着科技的日新月异，复杂的工艺、先进的设备、新的通信及网络技术对医院设计起着越来越关键的作用。比如，我们目前了解到肿瘤医院里不断有新的设备引入，传统的直线加速器在治疗时，去掉了癌细胞，但会同时伤害其他细胞，导致患者做完放疗后十分虚弱。新的质子束（Proton Beam）疗法更加准确高效，可以准确定位，只杀死癌细胞，使患者治疗后免受痛苦，早日恢复健康。这种设备的构造非常复杂，上下多层，单机和联机的布置会对整个建筑的规划布局产生很大影响，治疗的流程也有严格的规定。这就要求建筑师跟上科技发展的步伐，深入了解行业中重大技术对设计的影响。

另外，随着智慧医院信息化系统的不断发展与完善，物联网可以对患者治疗过程进行全方位的感知和监控，可以通过手机或腕表等智能产品来引导患者进入医院的各个流程，让就医过程更加简捷轻松。这就要求建筑师与软硬件工程师配合，深入地了解患者的行为心理学，共同研究如何最科学合理地设计医院的布局。

美国很多医疗设计研究机构，很早就已经熟练使用 REVIT 软件，并录入了大量的信息和数据。目前在与我们合作的美国硅谷某高科技医疗设计公司，已经在开发新的软件平台。通过此平台，可以在设立布局要求后，使计算机自动进行平面布置和筛选，使设计更加高效实用。同时，附带大量的建筑细节、设备数据和施工信息。平台和 BIM 系统结合，可以为院方、投资方和设计者提供大量的数据，用以指导和优化未来医院的管理和设计，减少传统设计中施工图大量重复的劳动，使设计者更专注于方案设计的合理性，缩短工期并提高质量。

在医院设计人才方面，未来医院的设计将更加专业化，需要多方面、复合型的人才。在这一点上，我们与发达国家还有一定的差距。现在，美国专门做医疗设计的公司团队，不仅有建筑设计人员，还有医生、护士、社会工作者、设备规划师、软件工程师等，因而可以使设计的各个细节在方案阶段就得到周密的规划，减少实施过程的反复，也更能提升患者和医护人员满意度。未来我们的设计院也会走向更加专业化的道路，在这个过程中，我们需要更多的合作，不断提高我们的设计水平和专业程度。

1.2 注重医院建筑长远发展

在设计了多家医院后，笔者深深体会到作为一名医院管理者的不易。我国医院院长们都是行业的专家和领导者，担负着医院管理的重责，很多还兼任医学院院长。他们为了新院的建设呕心沥血。一所医院的建设关系到未来多年的发展，与工作人员的命运息息相关。特别是大型医院，投资大、周期长，有些还需自筹资金，而区域发展的政策也时常发生变化，产生了很多不确定因素。在笔者过往的学习里有一部分是城市设计，让笔者得以用更广阔的视野去分析影响医院发展的各种社会学和行为学因素，给医院提出一些参考策略。所以，好的设计从规划开始，就需预想到未来的种种可能性，并在设计时留下解决途径。

例如，某医院建在城市新区，周围的建设因为政策原因突然停止，医院变成了一个孤岛。我们建议医院把原来院区里的肿瘤和重点学科搬到新区，以吸引更多患者到新区就诊，同时发展康复、美容、妇产等学科，提高新区病床入住率。把老院区的办公和一些辅助用房搬到新区，老院区改造出更多医疗用房，从而使新老院区的资源得到合理利用。这样的措施可以帮助医院度过最艰难的前期，等新区逐步开发起来，医院的发展便会进入良性循环。

1.3 注重建筑内在的强大与灵活

在医院设计中，针对项目的大小，应把需要突出解决的问题放在首位。例如，在大型医疗中心，最重要的是处理好长远规划和近期发展之间的关系，使建筑具有灵活性，并充分考虑将来改扩建的预留空间，做好可持续发展战略。同时，尽量使用"Lean process"，也就是"减肥"，让庞大的建筑体量更紧凑，缩短就医流线，简化流程，提高患者对医院的满意度。

对于中小型医院，如何利用有限空间，把资源整合、共享，使建筑更高效实用，同时为患者创造更多的康复空间则是关键。总之，一切"以患者为中心"，让空间、设备和服务发挥最大效益，是设计的核心思想。

笔者认为一个好的建筑，特别是医院，不仅要有好的外在，更要注重内在的强大与灵活，可以适应不同时期和阶段的需求。建筑需要超越时空，也就是不追求华丽的表皮和装修，而是用最朴实的建筑语言做出简洁新颖的设计，让医院实用、易建、经济，还别具特色。希望通过不断地沟通、交流，使我们有更多的共识。通过我们共同的努力，用我们专业化的设计，产生更多具有中国特色的新型医院。

1.4 在高密度的环境下创造舒适的就医空间

现代医院用地紧张、容积率高的趋势给设计带来了极大的挑战。无论在城市环境还是郊区较生态的自然环境中，我们一直提倡分析建筑的尺度，使之与周围的自然环境、城市的总体密度相和谐。国外绝大多数的住院楼都是多层的，从设计的角度看有多重合理性。第一，高层住院楼的竖向交通压力大，导致医院拥堵，候诊时间长，患者满意度低等问题。第二，高层住院楼在发生紧急情况时，对患者的疏散和救助非常困难。从患者心理和设计美学的角度来看，水平向的建筑给人以舒展、平和的心情；而高层、高密度建筑往往让患者产生压抑、烦躁的感觉。在襄阳医疗中心的设计中，经过多次国内外考察论证，住院楼设计为 10 层，双病区，在保证功能合理高效的前提下，创造康复花园式的医院环境。

医院的中庭空间也是患者接触最多、感受最深的地方。创造一个阳光中庭，并且设置适当的绿色植物，会让患者觉得如同到了一个生态公园，从而消除对疾病的担忧和紧张的情绪。对于门诊庭院、室外平台等空间，设置落地窗，并选择合适的最小尺寸，既保证医院功能流线最短，同时又为所有房间带来自然通风采光，争取最大的室外光线，让长时间在室内工作的医生也能感受到自然的气息。

2 大型医疗中心的设计要点——以襄阳市中心医院为例

  襄阳市中心医院位于湖北襄阳市老城区，是一家具有悠久历史和雄厚医疗技术力量的三级甲等医院，为周边地区包括湖南部分居民提供医疗服务。经过多年的发展，医院已达到最大服务容量。由于医院在各个领域所拥有的专业技术人才，吸引许多患者慕名而来，床位供不应求；而城市规划对于襄樊古城高度和密度的限制以及有限的停车位，使医院目前的规模不能满足日益增长的医疗需求。因而，襄阳市在开发东津新区之始，决定新建一座不仅可以分担市区医院的压力，为新区居民提供便捷的医疗设施，同时可作为鄂西北全科医师培训基地，满足湖北文理学院 2500 名学生的教学实习，以及 600~800 名高级专业人员工作交流的科研学术中心。

  在设计之初，我们不断思考和研究传统大型医疗中心存在的相关问题。

  （1）由于发展时间长，零星开发导致医疗中心各功能组团之间联系薄弱，流程不明确，患者就医流线长，管理不便等问题。

  （2）由于医院各部分建筑的设计在不同时间开展，未考虑将来功能变化，或高科技引入需要预留的条件和灵活度，导致医院在改扩建时大量修改，造成人力和物力的浪费。

  （3）由于整体规划和细节设计上的缺陷，给患者在就医和使用过程中造成各种不便。

  针对以上情况，我们希望通过引入创新的设计理念和技术手段，来创造一个别具特色的现代型医疗中心。通过详细规划医院长期发展目标，实现一次性规划、分期发展、灵活高效地应对患者的不同需求和医院在不同时期、不同条件下对建筑空间和功能的需求；同时，我们也希望学习借鉴西方医院的先进设计理念，以"为患者服务"为核心，通过设计在某种程度上缓解患者的压力和痛苦，使就医变得更加轻松愉快，改善传统医院那种冰冷、技术型的就医环境，从人性关怀的角度来深度挖掘和探索医院设计的新概念（见图 A2-1）。

图 A2-1 项目效果图

2.1 生命之树，以人为本

　　传统的大型医院建筑一般比较分散，各个建筑之间联系薄弱，缺乏必要的连廊，公共导视系统和空间的衔接使患者进入医院后缺乏方向感；同时，在室内和室外空间的转换中经常经历气温条件的剧烈变化。例如，一些老医院的患者在转换病房时，雪天被推到室外。这些都影响了患者和家属在就医过程中的心理感受，也给医务人员的工作带来不便。

　　襄阳市位于鄂西北，属亚热带季风气候。春季多雨，夏季炎热，冬季寒冷。如何为患者和医护人员创造一个舒适的就医和工作环境是项目设计的出发点。整个医疗中心用地狭长，东西长约900m，南北宽400m。设计的核心思想是把医院作为一个有机的生命体，参照"树"的脉络和组织关系，提取主轴和支脉作为联系各功能分区的途径。强调整体布局、长期发展和分期实施之间的关系。

　　建筑布局以一条弧形的生态廊为主干，各功能单元像"树叶"一样，从主干上自然生长出来，体现可持续发展的理念；同时，主干上延伸出次干脉，门诊、医技和住院沿纵向轴线紧密联系，形成清晰的就诊流线和便捷的联系（见图 A2-2）。生态连廊为患者创造风雨无阻的就医环境，充分体现尊重生命、关爱健康和对患者无微不至的人性关怀。

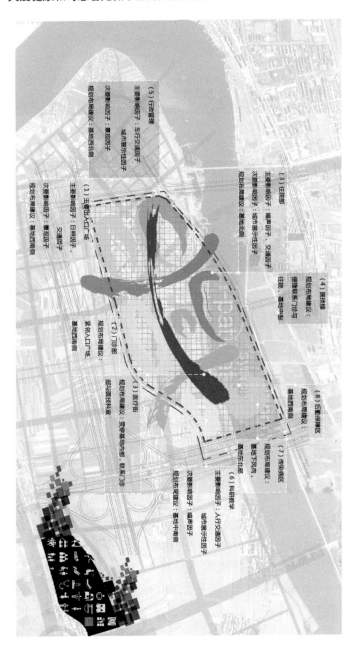

图 A2-2 项目功能规划图

在确定了项目的总体规模指标后，应对场地周边环境进行详细分析，形成清晰的理念和规划布局的原则（见图 A2-3、图 A2-4）。

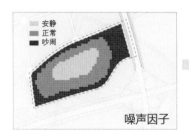
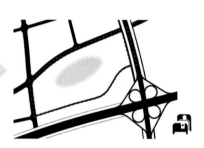

基地噪声主要来自四周道路，东侧紧邻城市快速路，噪声影响最大。

噪音影响较小的区域适宜安排住院、高端医疗等对环境要求较高的功能区。

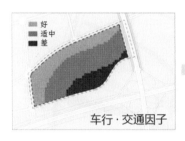

基地对外交通联系主要依靠西、北两侧城市主干道，沿线区域车行交通可达性最好。

车行交通可达性较好的区域适宜安排急救、急诊等需要快速进入的功能区。

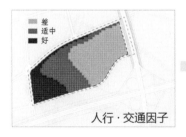
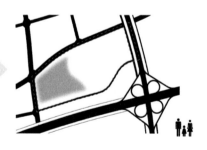

基地西侧临近城市公交和轨道交通站点，人行交通可达性最好。

人行交通可达性较好的区域适宜安排门诊以及入口广场等需要大量人流集散的功能区。

图 A2-3 噪声、交通因子分析

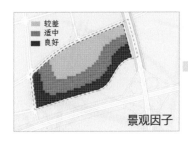 

基地西南两侧靠近城市绿地,景观性最好,并向东北方向逐渐减弱。

景观环境较好的区域适宜安排休憩和活动空间,有益于患者心情的放松。

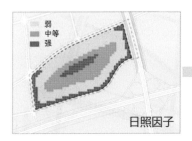 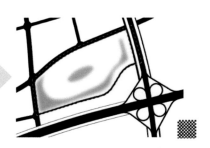

基地模拟建筑围合式布局,南侧和中部区域光照充足,北侧区域由于建筑阻碍,日照较少。

项目所在地区冬季较寒冷,日照充足区域适宜安排人群活动较多的功能区。

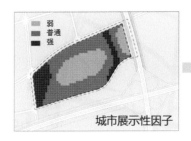 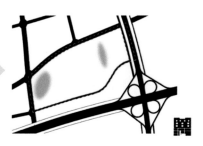

城市干道交叉口周边区域展示性最强,其次是城市快速路沿线。

城市展示性较好的区域适宜安排医院标志性建筑,展示医院整体形象。

图 A2-4 场地周边环境分析

设计理念一：生长

　　弧形是大自然塑造的一种完美形态。建筑以一条弧形的生态医院街为主干脉络，门诊、医技和住院各功能单元像树枝一样，从主干自然生长出来，体现出生态的可持续发展理念（见图 A2-5）；赋予了建筑"生命与延续，更新与成长"的理念，形成了有节奏和韵律的动感变化。

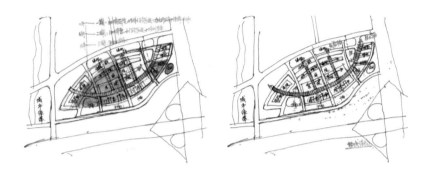

图 A2-5 设计手绘图 1

设计理念二：核心

　　场地周围为快速路，建筑采用围合方式，在外围以绿化广场形成隔离带，以"医技"为核，联系门诊、住院，营造出一种具有引力、宁静的内聚空间（见图 A2-6）。体现"以科技为核心，以患者为中心"的现代医疗理念。

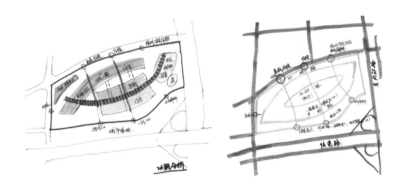

图 A2-6 设计手绘图 2

设计理念三：模块

整个医疗中心的建设周期长、时间跨度大，通过门诊、医技和住院模块化（见图A2-7），做到可持续发展，既能满足当前的使用要求，又能适应现代医疗技术的发展和变化，为今后发展、改造、更新留有余地，确保医疗体系的高效运行。

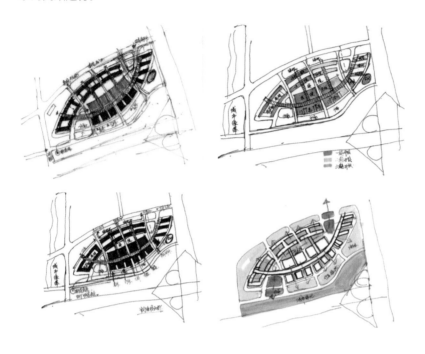

图 A2-7　设计手绘图 3

2.2 外敛内聚，科学布局

医疗中心位于襄阳东津新区的核心部位，周边规划的都是大型公共建筑。场地东面紧临东内环路，属快速路。如何减少高速路噪音对医疗环境的影响是项目设计的难点。

（1）总体规划蓝图（见图 A2-8）中轨道 1 号线和快速公交在医疗中心西侧道路上设有站点。主要人流是从西面和南面进入场地，因而南面适合布置人流较多的门诊区。

（2）通过噪音分析发现，场地西面和北面较安静，可满足昼间 55dB、夜间 45dB 的医疗环境噪声限值要求，适合布置住院区。从而形成整个场地南低北高的布局，有利于良好的通风和采光。

（3）基地西侧规划的是城市景观廊道，廊道中有水系通过。适宜布置办公科研、高端诊疗及康复功能区，充分享用城市中心绿化景观。科研教学、后勤和医疗区相对分开，位于东南面上风向，远离主要就诊人流。

（4）传染病房、污水处理站、PET—CT 中心等位于场地北面绿化隔离带旁边，与对面的立交桥绿化相对，减少对周围办公区和居民区的影响。

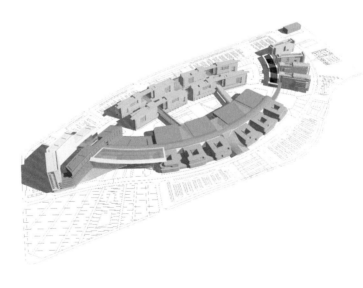

图 A2-8　项目总体规划蓝图

2.3 内外双环，流线清晰

针对医院的规模，场地内部采取内外环路和分区结合的布局，有效地实现人车分流，缓解交通压力。外环负责主要车流的到达，与建筑各主要出入口对接，并可直接进入地面停车场或地下车库；内环为步行区，结合庭院和主要医疗区布置，实现人车分流（见图A2-9）。

（1）车流规划

①结合功能布局，场地南面设置门诊出入口，北面设置住院、探视出入口。出入口分开有利于缓解门诊和医院巨大的车流压力，使医院流线更加顺畅。

②急救设有独立的出入口，可直达急救中心的抢救室，与主要门急诊车流分开。

③办公科研车流从场地西侧进入，与东北侧的传染、污物出入口分开。

（2）人流规划

①结合城市公交系统，在医疗中心南北两侧分别设公交站，方便门诊住院患者及员工和学生的到达。在前期人流量不大的时候，先开通南侧门诊主入口，门急诊患者由入口广场迅速到达门急诊主入口，然后经过宽敞明亮的医疗街，到达医技和住院部。

②门诊楼沿南向广场排开，儿科、体检、康复都有独立的出入口。肠道和发热门诊远离主要就诊人流，设置单独的出入口，实现医患分流。

③办公、科研、教学培训区的医护人员通过风雨廊和医疗街相通，能快捷地到达各医疗区，为患者提供优质高效的服务。

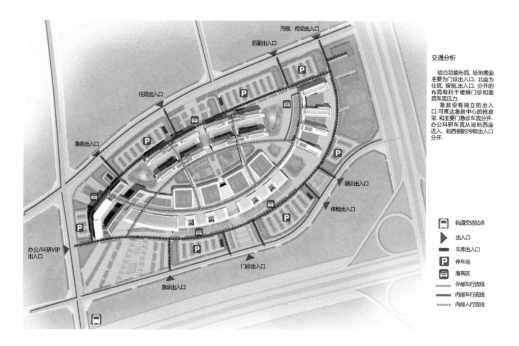

图 A2-9 人车分流规划图

2.4 模块发展，创新灵活

　　整个医疗中心会经历较长时间的发展、变迁。由于医院主要靠自筹资金，而新区未来发展的趋势目前也不是十分明确，因而整个医疗中心实行统一规划、分期建设就显得尤为重要。通过与院方沟通，我们确认分期建设的指导思想是在资金有限的情况下，一期将医院的核心治疗区域建设起来，保证医技各功能科室之间的合理关系和流程，避免将来重复建设和改扩建工程中迁移大型设备等造成的资源浪费。场地布局形式以一期为中心，逐步向两侧发展，使扩建对医院的正常运转不产生影响（见图 A2-10）。

　　一期建设规划 1000 床，完成门诊医技楼以及一栋住院楼的土建工程，形成医院的整体形象。二期工程在 5~10 年内逐步增加门诊医技科室的开放量和仪器设备的投入，住院部发展成 2000 床的医疗中心。结合周边地区的发展，增建高端诊疗、康复中心、教学实习以及培训中心。三期工程是在 10~20 年时间内逐步发展到 3000 床，并不断引进各种先进技术设施和软件，进行人员的更新换代，成为具有规模效应的区域医疗中心。

　　通过模块式设计，将门诊医技和住院设计单元化，可以灵活地满足办公、康复、门诊和医技多种功能需求，以适应分期发展的需要，确保医疗体系的高效运行。门诊和医技单元分别根据科室的自身功能和管理模式要求，采用不同的模块设计。特别是医技科室的模块，打破了传统医技楼大平面的形式，充分考虑利用合理尺度的内庭院自然通风采光。在满足功能合理性基础上，使所有主要用房和工作人员的空间都拥有良好的通风和采光，避免工作人员长期处在空调环境中，体现人性化设计。

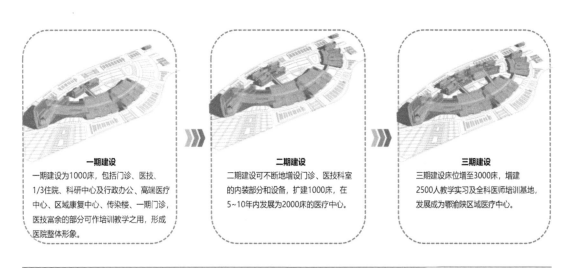

一期建设
一期建设为1000床，包括门诊、医技、1/3住院、科研中心及行政办公、高端医疗中心、区域康复中心、传染楼、一期门诊，医技富余的部分可作培训教学之用，形成医院整体形象。

二期建设
二期建设可不断地增设门诊、医技科室的内装部分和设备，扩建1000床，在5~10年内发展为2000床的医疗中心。

三期建设
三期建设床位增至3000床，增建2500人教学实习及全科医师培训基地，发展成为鄂渝陕区域医疗中心。

图 A2-10　三期建设规划图

2.5 立体绿化，生态之城

建筑以优美的弧线契合地形环境，如同一片绿叶一样自然地渗透到环境中，充分利用外部景观资源，同时营造内部共享景观，创造独具特色的自然、生态、园林式的医疗社区，形成"自然—建筑—人"的和谐统一。

整个医疗中心以开放式广场、中心康复花园、内庭院等多层次的空间为患者提供幽雅的就诊环境，使整个医院充满绿色生机和活力。门诊楼沿南面形成台阶式花园，为患者候诊提供舒适的等候环境。办公科研楼和康复、高端诊疗楼之间形成多个立体绿化平台，营造出绿意盎然的生态环境。科研行政中心坐拥中心花园绿化美景，内设庭院，并通过层层叠叠的绿化平台形成丰富的立体景观。同时，其拥有可容纳 1000 人的会议中心、信息技术中心和专家工作室，通过高科技和现代化管理保证医院的高效运行。场地南北面一层的地形高差，造就了住院楼前下沉式的康复花园，丰富了绿化的层次，使整个医院成为一个复合型的生态大花园，为襄阳新区增添美景。如图A2-11 所示。

建筑造型充分体现江南建筑的灵巧性和通透性，同时结合绿色生态设计呈现出独特的、适合当地文化和气候的风格，大方稳重又富有变化和韵味。柔和曲线和暖色调的使用将建筑和患者的关系变得更加紧密。西面和南立面上采用水平和竖向遮阳板的设计，不仅使建筑立面产生丰富的光影效果，而且可以为建筑降低消耗。医疗街的采光玻璃顶，可调节室内外温差，使患者和工作人员尽享美景，创造绿色、生态、舒适的就医和工作环境。建筑屋顶的绿化可起到隔热作用，架空层屋面都预留太阳能光板位置，利用生态科技为建筑节能降耗，甚至自给自足。

A-A剖面

B-B剖面

图 A2-11 整体绿化设计图

2.6 人性关怀，细节体现品质

　　医疗中心的平面设计要充分考虑患者到达医院的就诊流程，在入口大厅中设有导诊台和信息查询处，通过自动扶梯和电梯引导患者到分层挂号收费处，避免人流过于集中，减少交叉感染。每层还设有分层收费处和预叫号系统，减少患者往返时间，使就诊更加便捷。患者在进入步行入口大厅后，可分流去急诊、急救或其他诊疗单元。区域康复中心、高端诊疗中心设有独立的诊疗区，也可以通过医疗街和核心医疗区共享医技资源。

　　门诊医技单元采用模块化布置，不仅产生明确的分区，提高建筑的识别性，方便患者在最短的时间内找到目标科室，同时有利于科室的统一管理、灵活布局和长远发展。急救、手术、血库、ICU、产房、供应中心通过垂直和水平交通直接联系，确保患者抢救的绿色通道畅通。手术中心拥有 60 间手术室，实行洁污分流、医患分流。一期将开放 10 间手术室，其他模块将在未来根据医院发展需求逐步开放。

　　住院楼呈院落式布置。病房楼间拥有宽敞舒适的庭院。每层为双病区布置，有利于病床的灵活调配。病区间设绿化平台、晾衣台，为患者和家属提供锻炼、休息的空间，体现人性关爱。VIP 病区病房以单人间为主，并设有部分套间。每层设两个中心护理站，使每个 VIP 单元都能得到优质的服务。病区按国际标准设带有无障碍卫生间的病房、传染隔离病房，与国际接轨。在架空层配置空中餐厅、娱乐中心、咖啡吧等，满足高层次医疗保健的需要。

　　贯穿场地东西的医疗街总长约 290m，将整个建筑群有机地联系在一起（见图 A2-12、图 A2-13）。在不同的部位和室内外空间，通过丰富多样的建筑形式连接。门诊医技部分的中庭高四层，中间设置绿化、休息座椅及商店、咖啡屋等（见图 A2-14）。丰富的空间、温馨的色彩和人性化的细节让患者感到舒适温馨，给患者创造家一般的温暖。解放公共空间，使室内外融为一体，让更多的房间能最大限度地直接采光，并拥有最大的光亮度，让患者以轻松愉悦的心情就医问诊。

图 A2-12 医疗街效果图

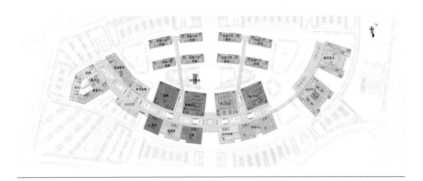

图 A2-13 医疗街平面图

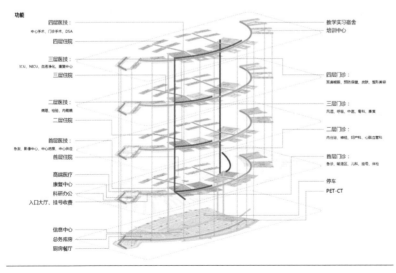

图 A2-14 门诊医技单元立体图

2.7 循证设计，技术支撑

在医疗中心的设计中，采用循证设计，广泛地运用科学技术手段，并以充分的数据作为决策的依据。由于襄阳地区气候条件反差大，冬冷夏热，为了给患者创造一个无忧的就医环境，我们在规划和设计的各个阶段充分利用先进技术，对建筑的日照、阴影、太阳辐射和室内照度条件等做了细致的分析（见图 A2-15），以保证医院在不同季节和建筑不同部位使用的舒适度，而且使医院内的公共空间、等候空间通透开阔，避免封闭压抑，并尽可能地引入自然元素，如日光、绿植、空气等，以促进患者保持积极的心态。

例如，自然通风的分析评价。根据《绿色建筑评价标准》，我们在规划设计阶段对区域微环境进行评价，对夏季和冬季盛行风向、风速和建筑物压差做了模拟，并得出以下结论，同时通过调整建筑物间距、角度，使总平面布局更加合理，保证患者在医院的各个场所都不受外界环境的干扰（见图 A2-16）。

（1）在夏季和冬季盛行风向下，场地内部风场风速均低于 5m/s，并且无明显旋涡区，满足室外人员活动和污染物消散要求。

（2）夏季 80% 以上的板式建筑前后保持 1.5Pa 左右的压差，避免了局部出现旋涡和死角，从而保证了室内有效的自然通风。

（3）冬季建筑物前后压差不大于 5Pa。

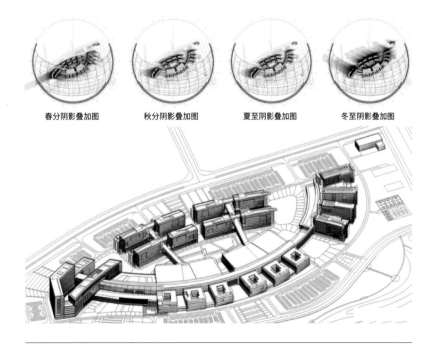

春分阴影叠加图　　秋分阴影叠加图　　夏至阴影叠加图　　冬至阴影叠加图

图 A2-15　各立面日照辐射分析图

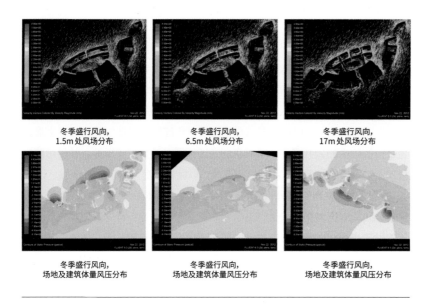

| 冬季盛行风向，
1.5m处风场分布 | 冬季盛行风向，
6.5m处风场分布 | 冬季盛行风向，
17m处风场分布 |

| 冬季盛行风向，
场地及建筑体量风压分布 | 冬季盛行风向，
场地及建筑体量风压分布 | 冬季盛行风向，
场地及建筑体量风压分布 |

图 A2-16 自然通风模拟图

　　当前一些研究表明：增加医院的光亮度不仅可以减少照明能耗，更可以使患者和医务人员的生活和工作环境得到改善，有利于患者的治疗。医院在参观了国外多所知名医疗设施后，提出将门诊医技楼窗台降低到 300，以增加室内采光的建议。我们从建筑和节能规范、采光和室内环境以及工程投资等方面进行了深入研究和分析。通过模型模拟计算，我们发现 900 的窗台高度和窗高是满足规范采光要求的（诊室采光系数为 3），并具有良好的节能效果。如果降低窗台高度，并且把窗高加到 2.5m，诊室采光系数增加约 0.5。

　　加大窗户尺寸，窗户的体系将发生变化，需要采用幕墙结构，还要考虑栏杆的费用。增加窗高，窗面积增加约 20% 后，能耗方面损失加大，空调系统负荷增加，电力供应要相应增加，需要扩大机房面积和设备，空调投资费用也将增加。

　　综上所述，需要付出很大的投入，采光效果才会有细小的变化。从使用上来说，降低窗台，对隐私、安全都有影响，还要做防护栏杆、窗帘；同时，考虑襄阳当地的特殊气候条件，我们建议在主要外立面的窗台保持 900 的高度。在内庭院区域，由于采光相对较弱，采用落地窗。这样的调整使建筑在功能、使用和节能等方面得到平衡。

创造一个绿色花园式的医院，为患者提供一个如家般温馨舒适的诊疗场所是我们的期望，患者的健康是我们的承诺。精心构筑未来的广阔蓝图，不放弃每一个细节的完善，充分利用现代科学技术，使每一个决策都有理有据，不忘符合地域、文化的特殊需求。在设计中不断探索，在实践中寻求突破。

2.8 医院基本设施规模分析

在设计之初做全面详尽的数据分析，对确定整个项目整体规模的合理性和完整性起到了决定性作用。

本项目预计日门诊 5000~6000 人，床位 3000 个，属于国内大型综合医院。根据《综合医院建设标准》（建标 110—2008），综合医院中急诊部、门诊部、住院部、医技科室、保障系统、行政管理和院内生活用房等七项设施的床均建筑面积指标：1000 床建筑面积为 90 ㎡／床。其中规定，对于 1000 床以上的综合医院，可参照 1000 床面积指标执行（见图 A2-17、表 A-1）。

调查实践表明，规模较大的医院功能完善、科室齐全，承担急、难、险、重病人的救治任务也多，医院规模越大，床均建筑面积应适当增加。因此，本项目七项医院基本设施建筑面积采用 100 ㎡／床。

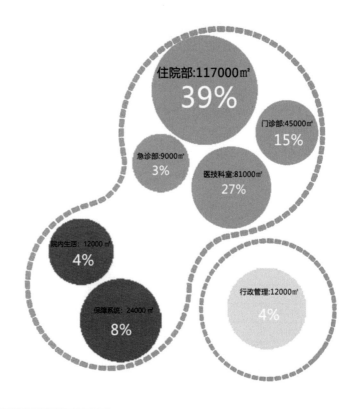

表 A-1 综合医院七项基本设施建设指标

部门	建筑面积(㎡)	占总建筑面积比例(%)
急诊部	9000	3
门诊部	45000	15
医技科室	81000	27
住院部	117000	39
行政管理	12000	4
保障系统	24000	8
院内生活	12000	4
总计	300000	100

2.9 康复科研规模分析

项目旨在建设为襄阳市现代化区域医疗中心，同时也是集医疗、教学、科研、预防保健为一体的综合性医院，除了综合医院中急诊部、门诊部、住院部、医技科室、保障系统、行政管理和院内生活用房等七项基本设施外，还包括科研中心、学术交流中心、教学区、全科医师培训基地以及辐射600万城乡居民康复需求的区域康复中心。

科研中心：根据《综合医院建设标准》，应以副高及以上专业技术人员总数的70%为基数，按每人32㎡的标准增加科研用房，并应根据需要按有关规定配套建设适度规模的实验室。

康复中心：根据《康复中心建设基本标准》，三级康复中心建筑面积不少于10000㎡，康复床位不少于100张。本项目要求按总床位3%~5%（90~150床）设计，辐射600万城乡居民康复需求。经综合实践分析，建议床位取150床，总建筑面积为15000㎡（见表A-2）。

表 A-2 综合医院教学科研建设指标

部门	建筑面积(㎡)	备注
科研中心	14000	副高及以上专业技术人员600名
学术交流中心	8000	
教学区	75000	满足2500名大学生教学
全科医师培训基地	24000	满足800名全科医师培训
区域康复中心	15000	
总计	136000	——

结论：依据相关规范规定及调查分析，估算出本项目的总建筑面积约为43.6万㎡，具体规模可根据设计需要进行局部调整。

3 医院易地重建项目设计要点——以汕头市中心医院为例

汕头市中心医院易地重建项目（见图 A3-1），按 3000 床标准规划设计，建设面积 51.3 万 ㎡。其中，地上建筑面积 35.3 万 ㎡，地下建筑面积 16 万 ㎡，停车位 3012 个。

项目采用核心医技大平台 + 专科中心规划布局模式，含肿瘤中心、心血管神经中心、妇产中心、儿童中心、消化泌尿中心、国际医疗中心、健康管理康复中心等多个学科中心，建成后将是一所集医疗、科研、教学、保健为一体的、辐射东南亚华侨的、现代化、国际化的综合医疗中心。基于汕头市中心医院深厚的历史积淀和医疗资源，打造成为粤东地区一流的医疗救治中心和医学科研教学基地，建设成知名省级区域医疗中心。

图 A3-1 项目透视图

基地位于汕头东海岸新城莱湾片区，北临五洲大道，南临莱湾西二街，西临莱湾西三街，东临莱湾西四街、西五街，距离海岸线 0.6 km，拥有良好的海景资源，是一处绝佳的医疗用地（见图 A3-2）。用地面积 131858.9 ㎡，约 197.8 亩，包含道路用地 7467.7 ㎡，实用地面积为 124391.2 ㎡。

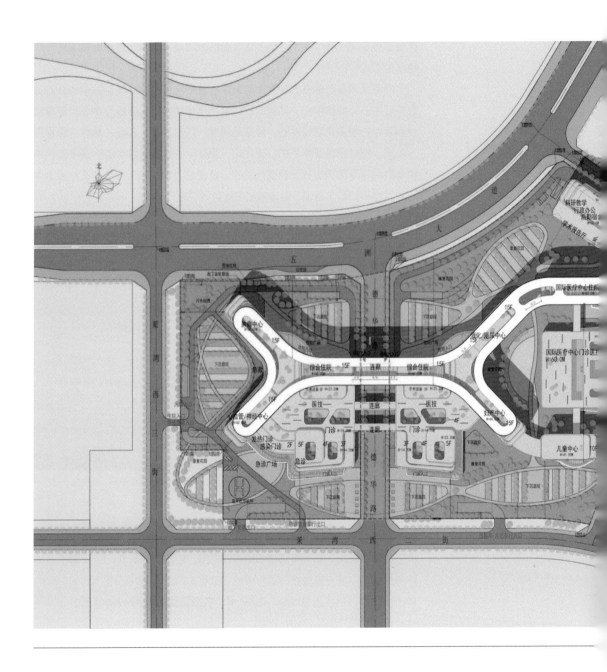

3.1 设计依据

（1）《汕头经济特区城乡规划管理技术规定》2018 年版

（2）《综合医院建筑设计规范》GB 51039—2014

（3）《综合医院建设标准》建标 110—2008

（4）《建筑设计防火规范》GB 50016—2014 (2018 年版)

（5）《汽车库建筑设计规范》JGJ 100—2015

（6）《民用建筑设计统一标准》GB 50352—2019

（7）《建筑工程建筑面积计算规范》GB/T 50353—2013

（8）《广东省医院基本现代化建设标准（试行）》

（9）《绿色建筑评价标准》GB/T 50378—2019

（10）国家及省市其他有关环保、卫生、消防、防疫、交通、市政、绿化等部门的法规及规范

3.2 项目设计

3.2.1 设计思考

（1）如何处理基地在片区的统一性，同时突出城市环境特色并与国际接轨。

（2）如何满足产业上多层次、多元化的医疗保健需求，为华侨和区域百姓服务。

（3）如何在功能布局上统筹不同类型、不同层级的医疗资源，优化布局，提高服务质量与效率。

（4）如何在生态环境中打造绿色建筑，为患者提供舒适的环境，同时体现花园城市的意义，成为城市节能环保的新力量。

3.2.2 设计理念

（1）以 X、Y 染色体分子结构形成建筑主体的设计语言，让各部分有机联系起来，并围合形成丰富多变的空间和可持续发展的状态。

以 DNA 螺旋状的形态，搭建艺术化、花园化的景观园林。不仅具有感官的美感，更重要的是能带给人心灵的抚慰，同时富有生命科技的创新感（见图 A3-3）。

图 A3-2 项目总平面图

图 A3-3　项目效果图

3.2.3 设计原则

（1）规划设计体现科学性、实用性、前瞻性等原则，体现人性化、个性化、现代化、开放化、生态化、景观化理念。

（2）明确院区的功能划分，探寻医务作业流程的最优解，以达到最佳的人性化设计。

（3）合理利用建筑朝向、通风采光、建筑材料、废物利用及当地地理气候和基地小气候，以实现最佳的生态节能设计。

（4）提高院区绿化率，打造多级绿化系统和立体绿化。

（5）有效组织道路交通，按综合医院的流程要求合理划分人、车流线及洁、污流线。

（6）坚持以人为本，根据满足当前需要、服务长远的原则，做到设施先进、功能齐全、布局合理、卫生安全、经济高效、具有前瞻性，以及建筑设计构思新颖等，从人流、物流、空间布局、色彩分区、无障碍技术措施、信息标识导向系统及生态等方面，创造良好的就医环境（见图A3-4）。

合理组织交通流线，科学规划建筑平面布局及出入口设置，并注意避免周边市政道路噪声等对院内诊疗环境的影响。

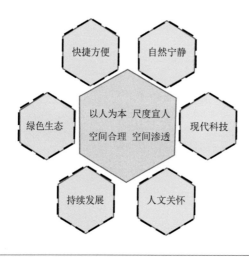

图 A3-4　项目设计原则

3.2.4 设计策略

策略一：生命科技，健康之城

汕头市中心医院易地重建项目采用 DNA 双螺旋结构以及生命基因代码的元素进行整体概念性设计，赋予医院现代科技、活力新颖、绿色生态的特性，符合大型、高复杂度医疗中心高效运营的模式，是可持续发展的创新拓展模式。

整体场地规划采用院落式布局，在外围以绿化和广场形成隔离带，与周边道路和居民区形成自然分隔。同时形成以"医技"为核心，紧密联系门诊、住院的核心体系，营造出一种具有引力、宁静的内聚空间（见图A3-5、图A3-6）。

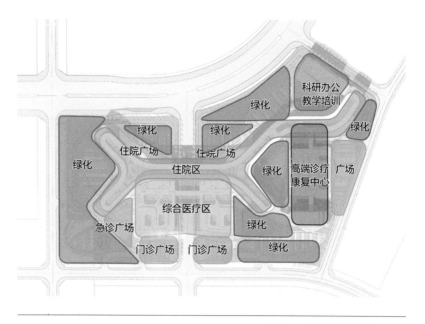

图 A3-5　项目总体功能架构规划图

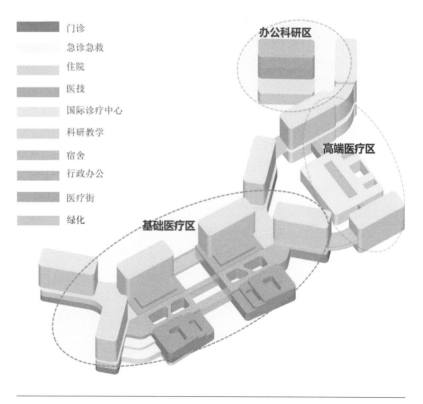

图 A3-6　项目立体功能分析图

项目主要经济技术参数见表 A-3。

表 A-3　项目主要经济技术参数

广东省标准 （七项设施）	3000 床	90 ㎡/床	270000	㎡	
一	总用地面积		131858.9	㎡	约 197.788 亩
二	净用地面积		124391.2	㎡	约 186.587 亩
三	总建筑面积		513000	㎡	
四	地上建筑面积		353000	㎡	
1	其中	急诊部	8100	㎡	3.00%
2		门诊部	40500	㎡	15.00%
3		住院部	105300	㎡	39.00%
4		医技科室	84100	㎡	27.00%（部分在地下）
5		保障系统	6600	㎡	8.00%（部分在地下）
6		行政管理	10800	㎡	4.00%
7		院内生活	10800	㎡	4.00%
8		科研用房	20000	㎡	
9		教学用房	7000	㎡	
10		预防保健用房	800	㎡	
11		康复治疗用房	10000	㎡	
12		健康体检用房	4000	㎡	
13		绿化平台	26000	㎡	按需
14		单列大型设备	19000	㎡	按需
五	地下建筑面积		160000	㎡	
1	其中	医院停车设施	120000	㎡	40㎡/车位（含人防）
2		人防医疗工程	5000	㎡	按人防规定
3		医技	12000	㎡	
4		单列大型设备	8000	㎡	按实际需要
5		保障系统	15000	㎡	
六	容积率		3.00		
七	绿地率		39.60%		
八	建筑密度		29.77%		
九	停车位		3012	辆	
1	其中	地上	12	辆	
2		地下	3000	辆	其中充电车位 600 辆

策略二：专科中心，共享平台（见图 A3-7、图 A3-8）

　　项目采用科学合理的医疗中心布局模式，通过设置医技大平台为综合医院以及专科中心提供共享的大型医疗设备和仪器，极大地节省了医疗资源。同时，所有的专科中心都围绕着共享平台进行设置，利用现代化的物流系统、互联网图像影像技术，实现资源共享。妇儿中心、康复中心、国际诊疗中心再通过分级共享平台将就疗人群合理分流。办公、科研、后勤独立成区，为全院提供有力的服务支撑。

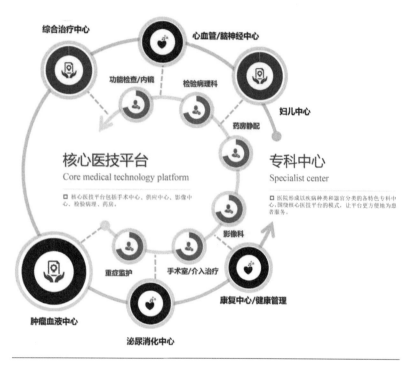

图 A3-7　共享平台布局模式

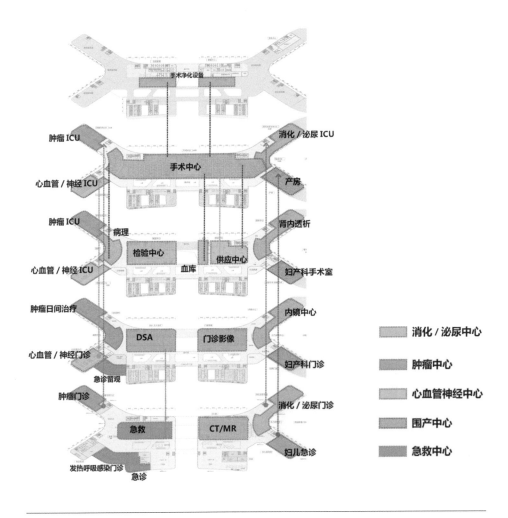

肿瘤 ICU
消化/泌尿 ICU
手术中心
心血管/神经 ICU
产房
肿瘤 ICU
肾内透析
病理
检验中心
供应中心
心血管/神经 ICU
血库
妇产科手术室
肿瘤日间治疗
内镜中心
DSA
门诊影像
心血管/神经门诊
妇产科门诊
急诊留观
肿瘤门诊
消化/泌尿门诊
急救
CT/MR
发热呼吸感染门诊
妇儿急诊
急诊
手术净化设备

消化/泌尿中心
肿瘤中心
心血管神经中心
围产中心
急救中心

图 A3-8 专科中心布局模式

策略三：高效便捷，流线清晰

项目巧妙地结合定位，分设出多个广场。急诊急救、心脑血管神经中心、肿瘤中心、康复中心、国际医疗中心、妇儿中心等都拥有独立的出入口。

整个建筑采用立体分流的方式解决了大量人流过度集中的问题，通过坡道将患者直接引入二层门诊，对首层感染、体检、放射等科室进行有效分流（见图 A3-9）。

主入口设有公交大巴及出租车落客和接客区，井然有序。私家车流进入后，经过足够长的引道连接到地下，患者到达后有明确清晰的路线指引（见图 A3-10）。

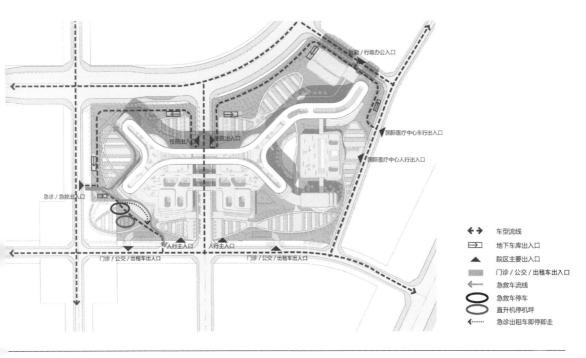

图中图例：

↔→	车型流线
▭	地下车库出入口
▲	院区主要出入口
▨	门诊 / 公交 / 出租车出入口
⇐	急救车流线
◯	急救车停车
◯	直升机停机坪
←	急诊出租车即停即走

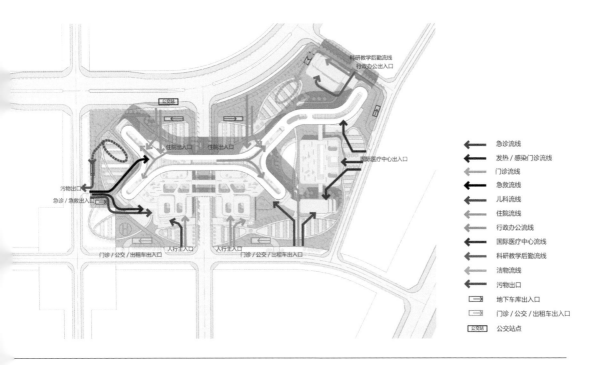

←	急诊流线
←	发热 / 感染门诊流线
←	门诊流线
←	急救流线
←	儿科流线
←	住院流线
←	行政办公流线
←	国际医疗中心流线
←	科研教学后勤流线
←	洁物流线
←	污物出口
▭	地下车库出入口
▭	门诊 / 公交 / 出租车出入口
公交站	公交站点

策略四：海阔天空，无限景观

项目整个建筑群体坐南朝北，相互间无遮挡，前后都拥有绿化广场和康复花园，内外绿化景观良好，视线开阔（见图A3-11）。

住院楼南北侧，一期门诊和二期门诊分别对应有各自的出入口，流线明确、简洁清晰。沿东、西道路围合出专科中心独立的出入口和广场。

图 A3-11 项目海景视线分析图

策略五：立体架构，绿色生态

项目用地紧张，但是通过立体化架构的设计，用立体绿化平台与空中花园紧密联系，为住院患者提供了丰富的休息、锻炼和交流空间。

地下空间通过下沉花园的设置，使得地下室有明亮的采光和自然通风条件，并为患者和家属提供了休息就餐的舒适空间（见图A3-12、图A3-13）。DNA双螺旋的主旋律和主题使得整个建筑呈现绿色生态、人文关怀、优雅舒适的环境，同时也为就医患者提供了明确的导向性，打造出创新型、高密度环境下的城市医疗综合体的形态。

图 A3-12 空中休闲绿化平台

图 A3-13 立体绿色景观

策略六：人文关怀，一站式服务

项目采用一站式的服务模式，将同类型专科的门诊、医技相邻布置（见图 A3-14）。在门诊单元的设置中，将诊室、治疗、B 超、检验同层设置，方便患者就医。药房、检验通过现代化的物流系统设置分层、分科站点，实现无缝衔接，避免了患者往返奔波，以及大量人流集中于首层的传统布局方式，改善了医院的环境。

住院楼采用丫字形和六边形围合模式设计。通过中间的立体花园将各部分有机联系，缩短了医护流程。

住院和门诊之间联系紧密，通过自然通风采光的医疗街和庭院，为患者提供舒适、便捷的服务流程（见图 A3-15）。

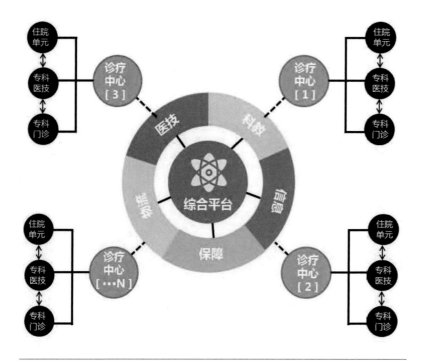

图 A3-14 一站式服务模式

图 A3-15　舒适的休息空间

策略七：低碳节能，持续发展

项目注重绿色建筑及海绵城市建设，在医院的全生命周期内，节约资源、保护环境、减少污染、减少能耗，为病人提供健康、高效的适用空间，最大限度地实现人与自然和谐共生（见图 A3-16、图 A3-17）。

烟囱效应

利用热空气上升的原理，在建筑上部设排风口，可将污浊的热空气从室内排出，而室外新鲜的冷空气则从建筑底部被吸入。

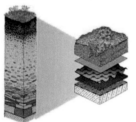

屋面绿化（屋顶遮阳）

屋顶绿化可缩小温度变化幅度，防止建筑物裂纹，减少紫外线辐射，延缓防水层劣化；还能调节建筑物内部的温度，节约能源。

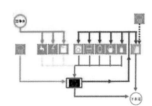

雨水收集系统

通过小型的污水处理系统对小区内收集的雨水进行处理、分离，回收的部分雨水可用于小区内水景、绿地灌溉等。

植草砖铺地

植草砖铺地的渗水及保湿作用很强，通过太阳辐射作用下产生的蒸发效应，使该类面层兼有良好的降温、增湿及减尘作用，对改善室外热环境很有利。

空气源热泵

可以利用少量的能耗从周围环境中吸收热量给热水加热，其热效率可以达到 300%。运行费用是电锅炉的 1/4、燃油锅炉的 1/3、燃气锅炉的 1/2，比太阳能系统节能，能效比高，节能效果显著。

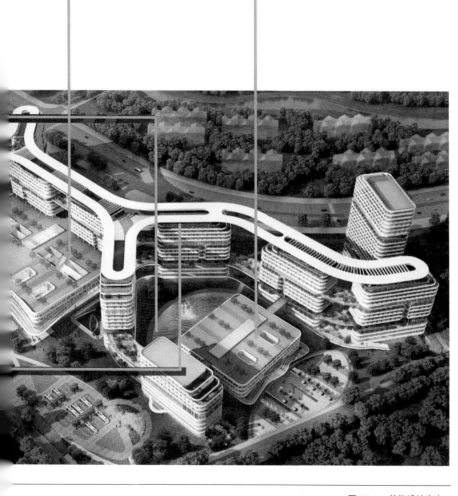

图 A3-16 节能设计亮点 1

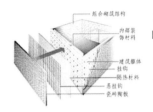

墙体蓄冷蓄热技术

墙体采用外保温技术，传热系数达到 1.5，具有良好的热工性能；采用植被屋面，有利于营造舒适的室内热环境。

光伏一体化（BIPV）

非晶硅电池以其独特的美观外形、稳定可靠的发电性能、低廉的成本和设计选型的多样性，能够比较完美地实现光伏一体化（BIPV）。

外遮阳百叶

安装于医院街玻璃天棚，角度的选择要保证顶棚可以遮蔽夏季强烈的太阳辐射，并可透过高度角较低的冬季太阳辐射，符合当地夏热冬冷的建筑热工设计需求。

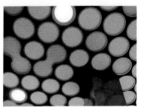

光导管采光技术

采集太阳光的光导管绿色照明系统能够将白天的太阳光有效地传递到室内阴暗的房间，具有传输距离远、照射面积大等优点，节约能源，可改善室内的工作和生活环境。

地域性植物

汕头本地乔木四季常青，设计方案中选用本地植物。常青乔木不但有改善室内环境的作用，夏季还可以遮挡强烈的阳光，冬季的绿意也可给人以温暖积极的感觉。

图 A3-17 节能设计亮点 2

3.3 设计创新

（1）方案力求创造一个统一的整体，用建筑的语言强调和区分门诊、医技、住院、后勤、公共交通等医院模块的功能。在平面设计中，引入"医疗街"的概念，设置一条宽敞通透的医疗街，连接门诊、医技和住院单元。

（2）平面布局以模块方式为基调，采用一站式的诊疗中心服务模式。以前面为患者候诊大厅、中间为诊疗单元、后面为医生休息办公和会诊教学区的分区方式，并为医患各设通道，实现医患分流。如科室面积不是很大，一个单元中间可以加设玻璃隔断，分成两个不同的门诊科室。

（3）住院楼采用板式南北对流通风的大护理单元设计。标准层设置病房50张，以单人间和双人间为主。板式病房能满足患者与医护人员的采光要求。患者与医护电梯分组厅，实现医患分流。洁物与污物电梯分设，做到洁污分流。

（4）三个护理单元共享一个空中绿化平台，多个单元同层布置有利于相关科室的发展，方便医护人员沟通交流并为患者提供康复活动及休闲观景空间。

（5）公共空间（医院街）、患者空间（门诊、医技单元）、医护空间（门诊、医技单元端部）分区明确。患者、医护通道相互独立，既关怀了患者，同时也保护了医护人员，体现了医院设计中以人为本的设计理念。

（6）地下二层设置污物装卸平台和污物交通核、垃圾被服自动收集系统，配以专用的污物通道与西南侧地下出口相连。

（7）庭院景观采用 DNA 双螺旋结构设计理念，并结合下沉庭院，为地下室带来自然采光及通风，建筑与环境充分对话，并融为一体。

4 BIM 技术贯穿医院建筑整个生命周期
——以深圳市宝安区人民医院为例

深圳市宝安区人民医院（见图 A4-1）总占地面积约 7 万㎡，总建筑面积约 66 万㎡，设计成为 3300 床的区域医疗中心。宝安区人民医院是深圳市宝安区第一个全程运用 BIM 技术指导建设施工的项目，以"多个医疗组团与集中医技"的规划布局，解决"高密度、用地紧张、系统复杂"的难题；以"人车分流、立体交通"为目的，有效缓解院区的交通拥堵问题；以"绿色自然、人文关怀"为愿景，提供舒适、环保、绿色的医院建筑氛围。医院建成后将成为国际化、智能化、环保绿色的新型医疗中心。

图 A4-1 深圳市宝安区人民医院效果图

4.1 医院建筑分步骤形成

4.1.1 工程规划

为保障项目建设期间医院能正常运营，将医院整体改造工程分两阶段进行，合理建设（见图 A4-2）。

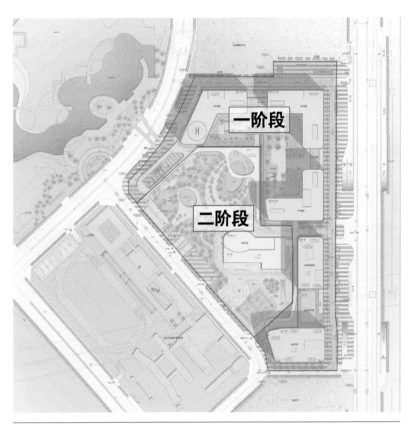

图 A4-2 分阶段建设规划图

第一步，拆除一阶段范围原有建筑（红色显示）；第二步，腾出一阶段建设用地并开挖基坑；第三步，建设一阶段地下室及主体建筑，并投入使用；第四步，拆除二阶段范围内除门诊大楼外的其他建筑，建设二阶段地下室及地面花园（见图 A4-3）。

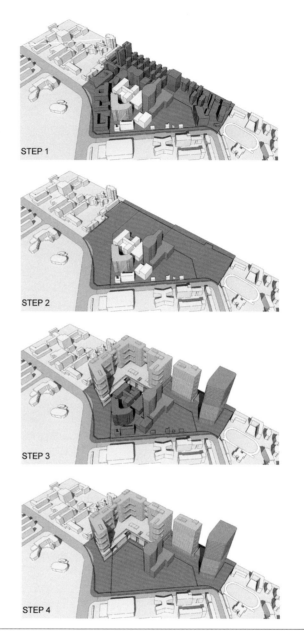

图 A4-3　分阶段建设范围

医院主要形体也分步骤、分阶段生成（见图 A4-4）。

STEP 1：

由于项目分两阶段建设，一阶段建设时需保证二阶段现有建筑的正常使用，导致实际容积率及用地更具有挑战性。

STEP 2：

根据一阶段地形以 L 形切分各功能区域。

STEP 3：

根据功能需求进行空间统筹。

STEP 4：

切分裙房体量，形成相对集中的区域划分。

STEP 5：

裙房体量内凹形成内庭院，外部以风雨连廊连接各功能区域。

STEP 6：

与保留门诊大楼一起，组成医院最终的完整功能。

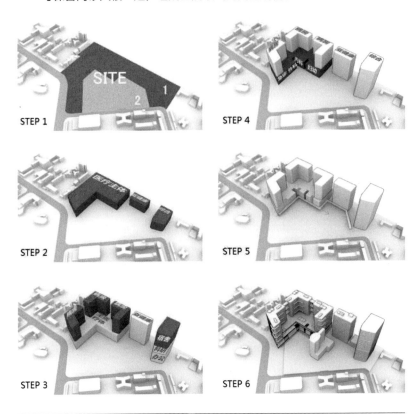

图 A4-4 分步骤形体生成

4.1.2 建筑形体经济性分析

（1）**主医疗区高度＜100 m**

考虑到医疗建筑使用者的特殊性，且 100 m 增加的避难层对于使用面积性价比的增加并不明显，故主医疗区建筑高度控制在 100 m 以内。

（2）**综合楼高度＜130 m**

为最大化建设面积，同时不超基地所在区域的航空限高，将办公综合楼高度做到 130 m。

（3）结构主体分隔

为避免不同结构主体的不均匀沉降，将主医疗区与综合楼在结构上完全脱开（见图 A4-5）。

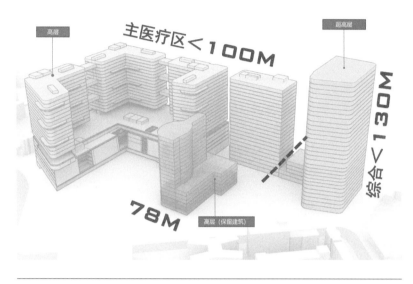

图 A4-5 建筑层高规划图

4.1.3 总体功能规划（见图 A4-6）

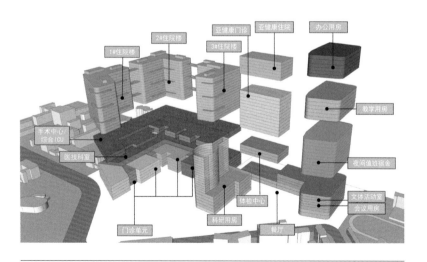

图 A4-6 总体功能规划图

4.2 平面布局组织（见图 A4-7）

（1）因地制宜的医疗街

受限于一阶段用地形状和高容积率，L 型医疗街连接各住院塔楼，将裙房顺势划分为内外两个主要区域；医疗街的三处中庭，既可改善采光通风条件，又增加了空间趣味性。

（2）门诊单元

医疗街内侧设计门诊单元，由绿化平台自然分出若干个模块，候诊区均可采光，且直接面对 L 医疗街。

（3）集中医技

医疗街外侧设计医技单元，与门诊单元联系紧密。

（4）分层药房与检验

在门诊医技裙楼最核心区域设置分层药房及抽血检验，减少病患的行走距离，减轻医院整体交通压力，体现人性关怀。

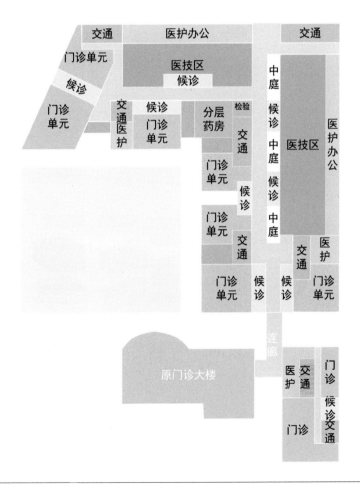

图 A4-7 平面布局组织图

4.3 科室划分 —"以病患为中心"

4.3.1 二层科室布局（见图 A4-8）

骨科门诊：骨科中心病房在 1 号塔楼，病患通过垂直电梯可快速到达骨科门诊，同时骨科门诊位于低楼层，且与同层的门诊普放及下一层的 MR、CT 联系紧密。

介入治疗门诊：介入中心通过 1 号塔楼核心筒与肿瘤中心病房，通过 2 号塔楼核心筒与胸痛中心及脑科中心病房紧密联系。

脑科门诊：脑科门诊与电生理检查、门诊普放、下一层的 MR、CT 紧密联系。

胸痛门诊：胸痛门诊与门诊普放、呼吸内镜检查紧邻布置，与心功能检查临近布置。

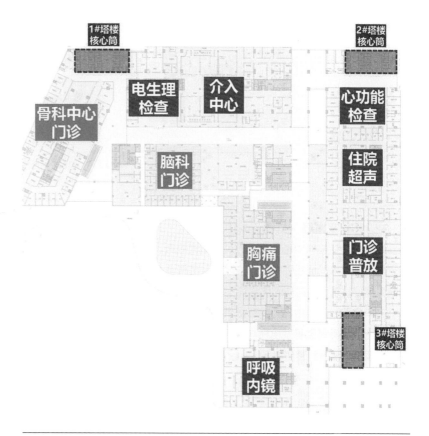

图 A4-8　二层科室布局图

4.3.2 三层科室布局（见图 A4-9）

泌尿系统科室：肾内门诊与泌尿外科同层紧邻布置，且与血透中心相邻。同时，泌尿系统中心病房位于1号塔楼，通过垂直电梯可快速到达各相关科室。

消化疾病科室：消化门诊与消化内镜于医疗街两侧面对面布置，同时紧邻门诊超声。

图 A4-9 三层科室布局图

4.3.3 四层科室布局（见图 A4-10）

妇科中心：妇科中心为病患提供一站式服务，兼具门诊及超声检查等功能，与妇科手术同层相邻布置，通过3号塔楼垂直电梯与位于3号塔楼的妇科病房便捷联系；同时与同层病理科、检验科紧密联系。

产科中心：产科中心为病患提供一站式服务，兼具门诊及超声检查等功能，且通过3号塔楼垂直电梯与位于3号塔楼的产科病房便捷联系；同时与同层病理科、检验科紧密联系。

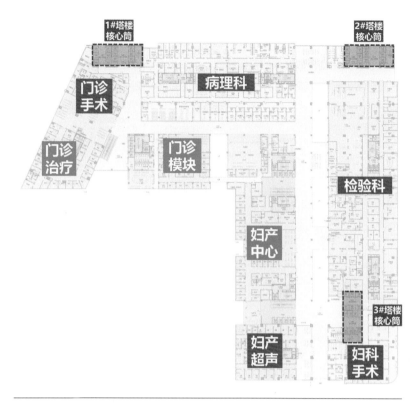

图 A4-10 四层科室布局图

4.3.4 剖面科室布局

项目医院科室布局剖面如图 A4-11 所示。

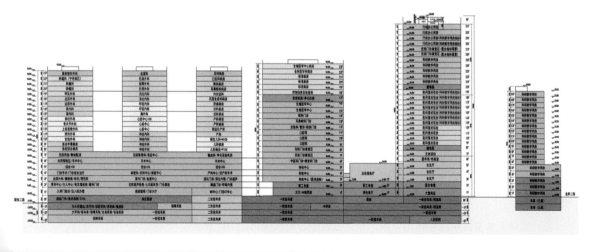

图 A4-11 剖面科室布局图

4.4 日照、景观、绿化

（1）病房楼争取最好的日照朝向，大多数病房设置在南侧和西侧，有利于充分接触阳光，满足病房的日照需求（见图 A4-12）。

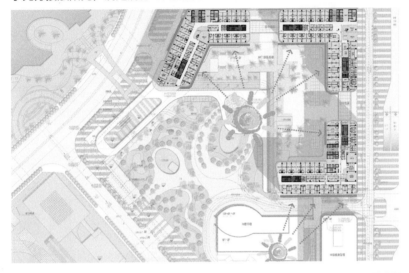

图 A4-12 日照分析图

（2）病房楼考虑日照的同时，兼顾景观视野的优化。考虑到现有的新安公园的优质景观及二阶段建设的中心花园，大部分病房围绕优质景观资源布置，充分发挥周边景观优势，同时最大化基地内景观资源（见图 A4-13）。

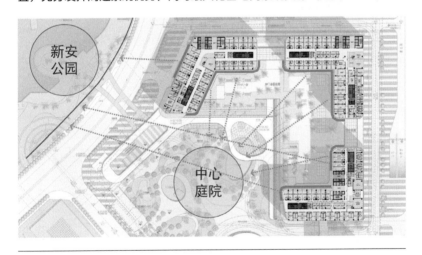

图 A4-13 景观视线图

（3）设计包含多层级绿化休闲体系，包括低区中心花园绿化、中区裙房屋面绿化、高区平台绿化以及地下下沉庭院绿化等，为医院创造了宜人的空间环境。医疗街布置有各种采光天井、中庭、边庭等，为室内空间创造舒适的采光通风条件，提升就医品质（见图 A4-14）。

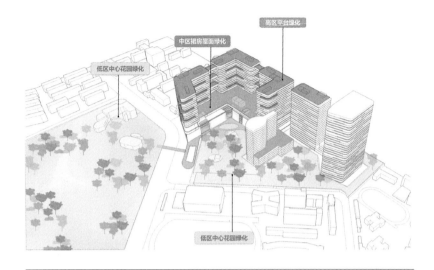

图 A4-14 多层级绿化体系

4.5 立体交通系统

4.5.1 整合周边交通资源

设计充分考虑"超高密度的城市设计",整合周边交通资源,采用立体交通体系,西侧与新安二路下穿辅道衔接,实现人车分流,缓解交通压力(见图 A4-15)。

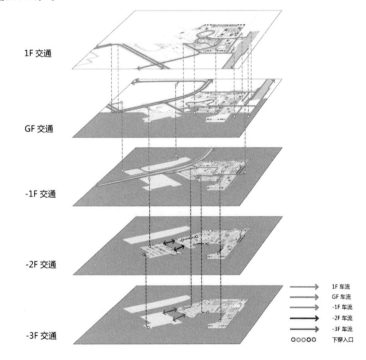

图 A4-15 立体交通系统示意图

（1）将地铁人流通过透光地下通道与医院直接相连

深圳市地铁 12 号线新安公园站点离医院约 180m，通过新安公园地库的地下通道可将地铁人流直接引入医院地库。同时，地铁人流也可经垂直电梯到达过街天桥，再通过雨棚、连廊至中心花园，到达医院各处（见图 A4-16）。

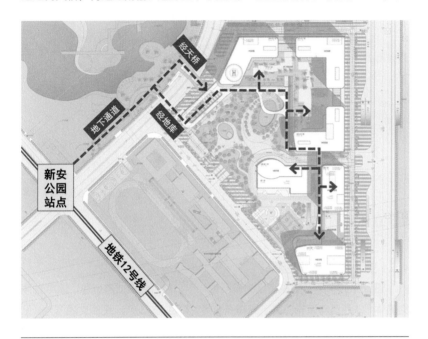

图 A4-16 引入地铁人流

（2）改造新安二路下穿专用坡道，缓解医院及区域交通压力

西侧新安二路专用坡道衔接医院地库负 1 层与负 2 层、新安公园地库负 1 层、宝安中学地库负 2 层，实现医院大量车流的快速出入，更好地为区域交通服务（见图 A4-17）。

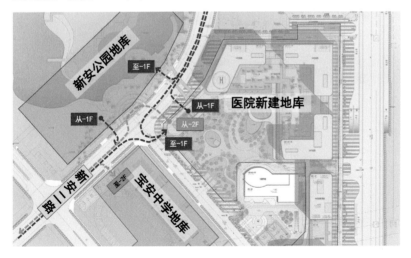

图 A4-17 整合交通资源（新安二路）

（3）边检路下穿辅道，实现医院车流的快速出入

边检路原为深圳宝安区与南山区分界处，通过资源调配，以城市交通为基础，拓宽边检路，并为进出医院车流设置专用下穿辅道，实现大量车流的快速出入，避免与地面快速交通的交叉影响（见图 A4-18）。

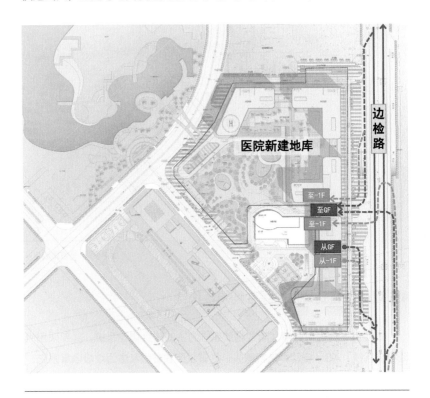

图 A4-18　整合交通资源（边检路）

4.5.2 整合周边地下空间

为了减少医院地下室开挖深度，节省造价，规划在周边的新安公园及宝安中学地块内开挖地下车库服务医院，将负二层、负三层设置通道连接，以供医院停车使用，缓解医院的停车压力（见图 A4-19）。

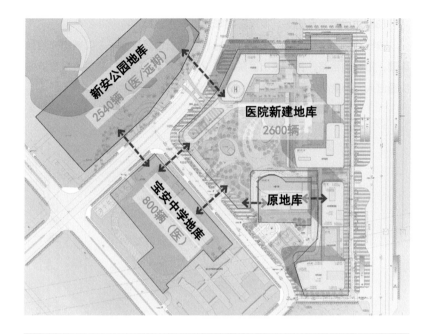

图 A4-19 拓展周边车库

4.6 以中型箱式为主的综合物流系统

本项目主要采用以中型箱式物流系统为主的综合物流系统，局部采用气动物流系统、AGV 自动导航机器人，并辅以污衣被服和生活垃圾收集系统、厨余垃圾收集处理系统。

中型箱式物流系统（见图 A4-20），可传输医院 90% 以上物资，具有高效传输效率，通过率 800 箱每小时，单箱传输能力可达 50kg。

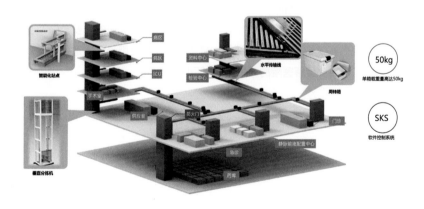

图 A4-20 中型箱式物流系统

4.7 设计思考

　　方案以"功能性、流程式、人文化、园林型"四大特点为基础，有效整合医院复杂功能与周边各类优秀资源，以更好地服务市民。

　　BIM 技术贯穿建筑整个生命周期，使设计数据、建造信息、维护信息等大量信息保存在 BIM 中，在建筑整个生命周期中得以重复、便捷地使用，发挥显著提高效率、大幅降低风险的重要作用。

5 突破用地限制、因地制宜的医院设计

——以龙华区综合医院为例

龙华区综合医院（见图A5-1）位于深圳市龙华区观澜山办事处樟坑径片区的生态景观片区，是深圳市龙华区最大规模的区属医院，以三级甲等综合医院的标准进行设计。医院规划床位1500张，占地面积56204㎡，总建筑面积约35.59万㎡，服务人口近300万，日门诊量约13000人次，设计为"大综合＋特色专科"的模式。

图 A5-1 龙华区综合医院东南鸟瞰效果图

5.1 前期分析

5.1.1 区位分析

龙华区综合医院距离深圳市中心约 18 km，距离龙华商业中心组团约 5 km。处于龙华新区的观澜科技文化服务中心组团，项目的建设将配合观澜北片区的国际化建设，为周边的文化产业园、汽车城等组团提供支持（见图 A5-2）。

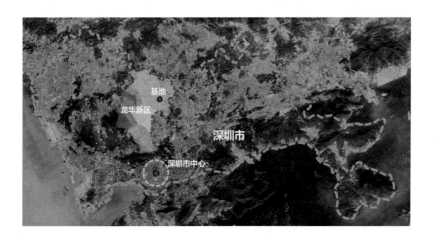

图 A5-2 医院区位分析图 1

项目基地同时位于樟坑径片区中的生态景观片区，与规划中周边的文教、办公群共同形成片区的公共服务核心地带。地块三面临山，西侧主要为三个凸出的小山体，东侧为延绵的石皮山。同时，地块临近横坑水库，自然条件优越。

项目周边用地主要为山地林地和文教管理用地，周边的产业园在未来将转型升级，周边无高层遮挡和其他强烈干扰因子，建设条件良好（见图 A5-3）。

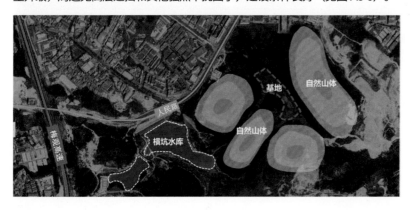

图 A5-3 医院区位分析图 2

5.1.2 交通分析

　　医院基地位于梅观高速东侧，地块紧邻安清路。安清路为城市次干道，为 30m 宽双向四车道。项目建成后，可通过两条主干道和两条次干道服务于观澜新中心、观澜老中心等其他片区（见图 A5-4）。

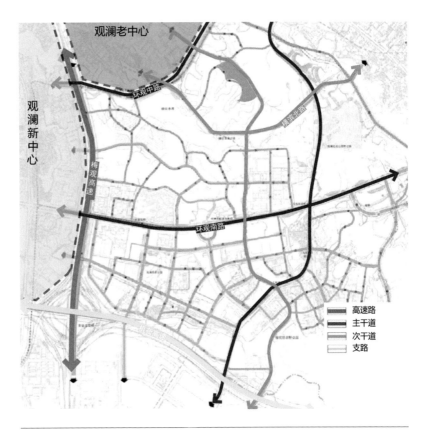

图 A5-4 医院交通分析图 1

（1）场地可达性较为有限

　　东侧的安清路是医院唯一毗邻的城市次干道，未来将成为主要车流进入场地的入口方向；另外两侧的澜盛一路、澜盛二路都是城市支路，适宜组织后勤服务等出入。

　　项目场地北侧地块规划有公交首末站，沿环观中路规划有轨道线，主要行人将从地块北侧进入场地。

　　医院为噪声敏感型建筑，临次干道安清路一侧需退让红线 12m；同时城市次干道离十字交叉口 50m 范围内不宜设置车辆出入口（见图 A5-5）。

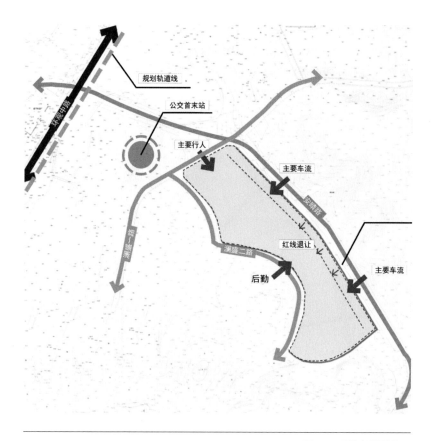

图 A5-5 医院交通分析图 2

（2）场地内部及周边高差较为复杂

西侧山体最高点 95m，百米高层上部楼层视野可穿透；地段东侧山体最高点 158m，百米高层视野不能穿透；地段内部最大高差为 10～12m。项目设计应充分利用地形，形成多层地面层，有利于组织医院建筑复杂的交通流线（见图 A5-6）。

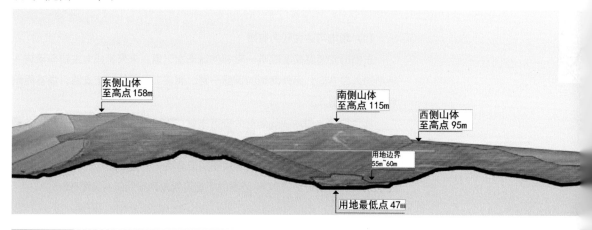

5.1.3 周边环境分析

项目周边自然环境优越。良好的自然环境有利于医院建筑的建设。

场地北边的人民路是人群活动的主要道路，临街建筑多，主要为各类产业园，未来将转型升级，无大体量超高层建筑。场地周边无高层遮挡和其他强烈干扰因子，建设条件良好。

5.1.4 气候分析

在总体规划中，分析当地的气候，组织建筑布局，由南到北布置清洁区、住院区、治疗区，使各个建筑既有良好的朝向和通风，又能享受到花园景观，有利于患者身心康复（见表 A5-1）。

表 A5-1　医院所在区位气候指标分析表

气候指标	年平均指数	备注
平均温度	22.4℃	亚热带海洋性气候，气候宜人
平均湿度	77%	温润宜人
日照	5225 兆焦耳/平方米	日照充足，太阳辐射大。年均日照2060 个小时
降水量	1924.7mm	每年5～9月为雨季
风向	——	春夏季风向以东南风为主，秋冬季东北风偏多

5.1.5 设计思考

按国家医院建设标准要求，1000 床医院国家医院建设标准为 90 ㎡/床，地面建筑规模为 9 万㎡，理想的医院建设容积率为 0.8。此项目场地总面积为 56204 ㎡，按七项技术指标计算容积，容积率达到 2.2。项目要求 125 ㎡/床，床均建设面积较为宽裕，医院建设标准较高。新建医院要求 35% 的绿化覆盖率，在容积率较高的情况下，需要集约设计或者利用屋顶花园和退台花园来满足绿化要求。

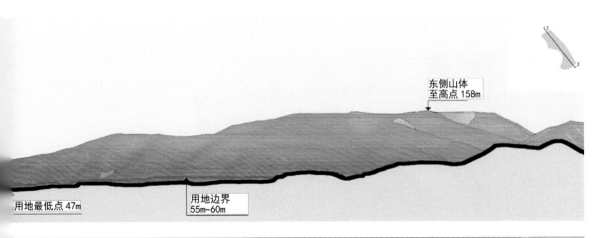

图 A5-6 医院场地地形分析图

（1）**面临的主要问题**

用地紧张，容积率高。

基地狭长，不利于组织各医疗功能空间。

（2）**现状及有利条件**

生态条件良好，景观资源丰富，便于创造趣味空间。

（3）**解决策略**

以带造园，融于自然。

5.2 设计策略

5.2.1 以带造园，融于自然

营造温馨怡人的内部庭院空间、悠然舒适的康复场所，让患者身体放松，心情愉悦（见图 A5-7）。

图 A5-7 内部庭院空间

带状绿化纽带，为患者提供富有趣味的休闲漫道，使患者能充分接触自然，感受自然（见图 A5-8）。

图 A5-8 带状绿化纽带

康复、办公花园意在为患者、医护人员和访客营造一种园林式意境，创造归属感，提供一种乐观积极，有利于治疗和康复的环境（见图A5-9）。

图 A5-9　康复、办公花园

医院主体建筑以优美的折线契合地形环境，对山水景观形成环抱之势，近观山景，远眺水景，最大化利用景观资源（见图 A5-10、图 A5-11）。

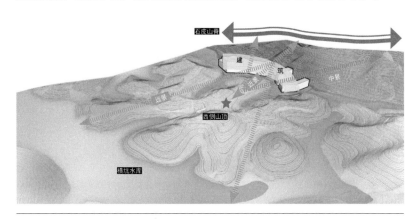

图 A5-10　建筑与环境关系分析图 1

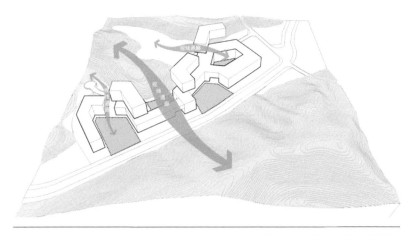

图 A5-11　建筑与环境关系分析图 2

　　建筑处于两山之间，主体高度低于东侧山体，减少对自然的侵入感，并形成多个视线景观通廊，达到山水建筑的和谐统一（见图 5-12）。

基地北侧将成为未来行人到来的主要方向，在北端设置入口广场，有利于引导患者便捷就医，同时为城市提供过渡空间，减缓交通压力。

基地呈狭长状，最窄处不足 80m，且正对西南侧山脊。在最窄处退让形成庭院，减少对自然的侵入感、压迫感。

基地东北侧山体连续界面长，沿道路设置 2 处庭院，丰富城市界面，减少对安清路的压迫感，使建筑嵌入山体之间，与景观环境相互渗透。

内部庭院呼应室外自然山谷景观，局部破开建筑形态，将室外景观引入室内，创造怡人的治疗环境。

结合夏季主导风，设置贯穿南北的步行通廊，串联各个功能区，创造舒适宜人的就医环境，具有明确的导向性。

综合设计条件，完善建筑方案。

图 A5-12 山水建筑的和谐统一

方案将"花园化"的设计理念贯穿每一个环节。用花园空间点缀建筑群，同时以一条便捷的步行带串联各区，形成了步移景异的医疗体验，让自然元素融入病患医疗体验的每个细节。

根据深圳的气候条件，结合各项绿色生态技术，本案设计了地面层的院落花园，架空层的带状花园，垂直方向上的退台花园。以多层级的绿化系统将"绿色"的概念引入到了建筑的每个层面，充分体现出人性关怀，为患者创造了丰富多彩的康复场所（见图A5-13）。

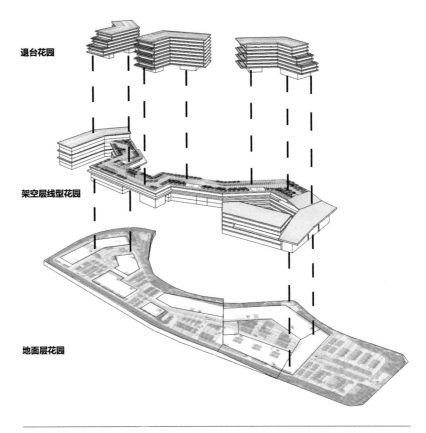

退台花园

架空层线型花园

地面层花园

图 A5-13 立体绿化分析图

5.2.2 以带分区，科学布局

分散式线性布置，较适合狭长型场地，但会导致流线过长。相对集中式的布置，门诊、医技并列，住院分列两端，流线较短，服务高效。但受场地进深限制，难以满足门诊、医技功能要求。

场地形状较为特殊，最窄处仅不到80m，形成两头大、中间小的"哑铃状"用地。结合人流车流方向、场地风向朝向、周边景观资源分布等设计条件，方案由北至南依次设置门急诊医技区、住院区、办公科研和院内生活区，并通过一条贯穿南北的纽带将各区紧密地联系起来。住院结合功能分区布置，联系便捷，减少交叉，管理高效（见图A5-14）。

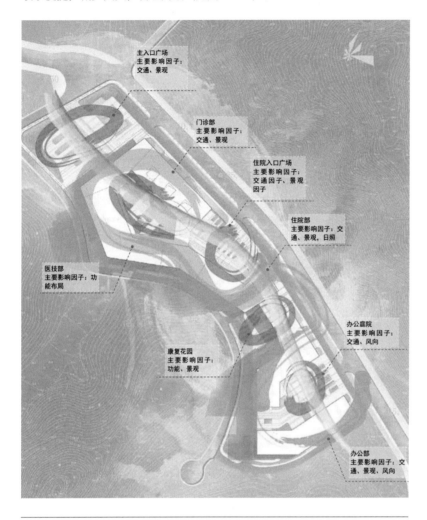

主入口广场
主要影响因子：
交通、景观

门诊部
主要影响因子：
交通、景观

住院入口广场
主要影响因子：
交通因子、景观
因子

住院部
主要影响因子：交
通、景观、日照

医技部
主要影响因子：功
能布局

办公庭院
主要影响因子：
交通、风向

康复花园
主要影响因子：
功能、景观

办公部
主要影响因子：交
通、景观、风向

图A5-14 总体规划概念图

方案通过以带分区、化整为零的手法，有效解决了大型综合医院人流混杂、交通拥挤的问题（见图A5-15）。

通过充分解析医院的健康人群、亚健康人群，普通患者和传染重疾的不同需求，由北至南设置：

以传染、急诊为主的急症治疗区；

以门诊、医技、住院为主的常规治疗区；

以康复、体检、中医、特需病房等为主的亚健康治疗区；

以办公、科研、教育为主的健康人群区。

　　由此规划出多个庭院，如医疗中庭、住院广场、康复花园和办公花园，形成了科学合理的分流，避免交叉传染。

　　结合庭院空间，方案将功能分区布置形成了丰富的公共空间，满足了医护人员、健康人员、患者及特殊病患不同的活动要求。

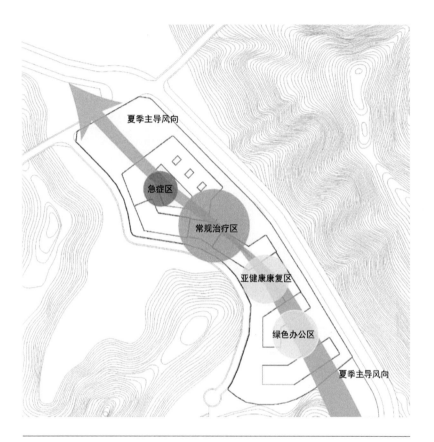

图 A5-15　以带区分示意图

5.2.3 以带相连，流线顺畅

　　带型的设计和城市道路自然地形成了开放、闭合的空间以及出入口，具有较高的识别性。

　　主要车流通过安清路进入场地。安清路长达480m，宜设置多个出入口，方便组织不同的功能。

　　来自轨道线和公交首末站（规划中）的步行人流由北广场进入医院中庭，可通过地面或空中花园式廊道到达住院、康复、办公科研和宿舍区。绿色通道将整个医院有机地联系起来（见图 A5-16）。

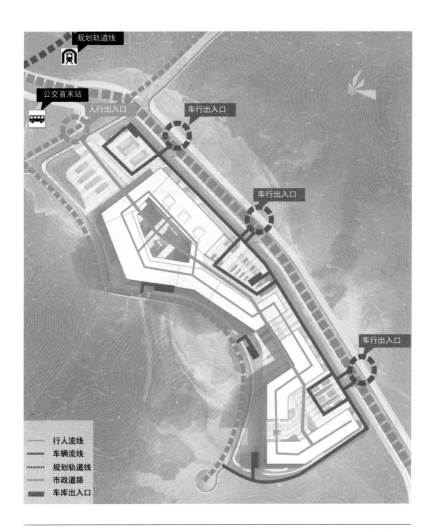

图例：
- 行人流线
- 车辆流线
- 规划轨道线
- 市政道路
- 车库出入口

图 A5-16 人车流线组织图

　　基地东侧为城市次干道，是基地主要的对外联系道路，设置车流量较大的门诊、住院、办公车辆的出入口（见图 A5-17）。

　　北侧和西侧为城市支路，设置急诊急救、洁污物品的出入口。

　　场地内部采取立体交通的设计。车辆利用地下空间进行落客、停车，步行人流从入口广场水平进入园区，实现人车分流。

　　方案流线组织清晰合理，高效便捷，互不干扰。

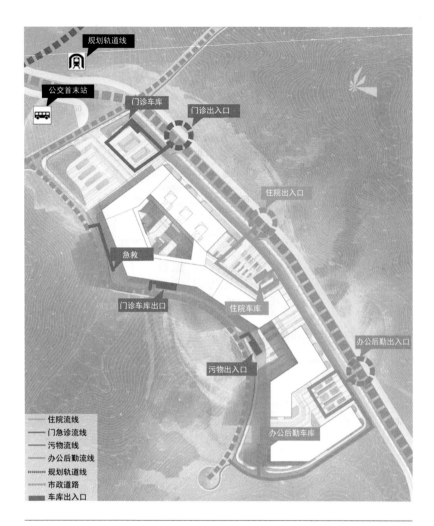

规划轨道线

公交首末站

门诊车库

门诊出入口

住院出入口

急救

门诊车库出口

住院车库

办公后勤出入口

污物出入口

办公后勤车库

住院流线
门急诊流线
污物流线
办公后勤流线
规划轨道线
市政道路
车库出入口

图 A5-17　功能流线组织图

5.2.4 以人为本，科学环保

　　方案最大程度利用日照朝向，形成了以南向为主的布局方式，兼顾两侧景观（见图 A5-18）。这一设计不仅充分考虑了患者的体验和心理感受，也减少了建筑的西晒问题。同时，各个住院楼都获得了良好的景观朝向。

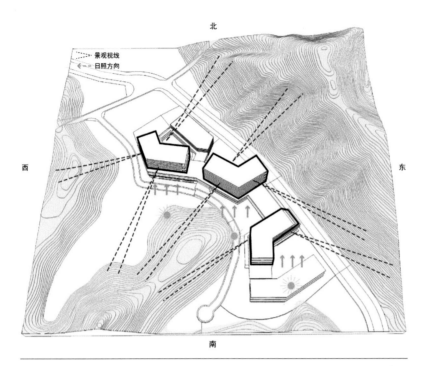

　　方案结合深圳夏季主导的东南风向，将各个功能区依照清洁区、治疗区、急症区等依次排布，形成科学合理的自然通风；同时，结合山势引导峡谷风，创造低碳绿色的新型园林生态式医院（见图 A5-19）。

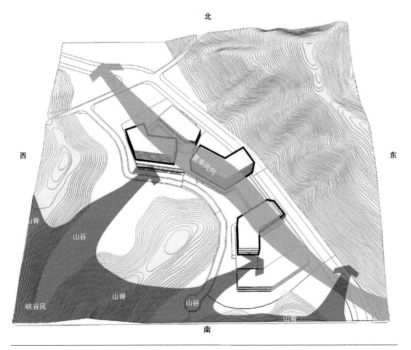

图 A5-19 场地风向布局图

传统医疗街模式的大空间需要大量的能耗和运营投资。本项目以自然开放的绿化院街创造建筑微环境，避免了夏季的温室效应，降低了能耗。宽敞明亮的医疗庭院，让患者在感受轻松、愉悦就医环境的同时，也为医护人员创造了舒适的工作环境。

5.2.5 以带成模，高效灵活

由生命纽带串联起模块化的门诊、医技和住院单元，既方便了科室的布局，也能很好地适应各类空间的灵活组织，使住院模块病房数量多，单间人数少，品质高；同时，设置独立的医护服务梯和访客电梯，缓解垂直交通压力（见图 A5-20）。门诊模块适用性强，方便科室调整。模块植入绿化天井，通风采光条件好，医护办公服务区可相互连通。医技模块病患、医护相互分离，活动分区明显，管理方便，流线高效便捷。

垂直方向设置的退台花园不仅为患者及家属提供休闲、观景及交流的空间，也为城市增加了绿量，改善室内热工环境，减少能耗。

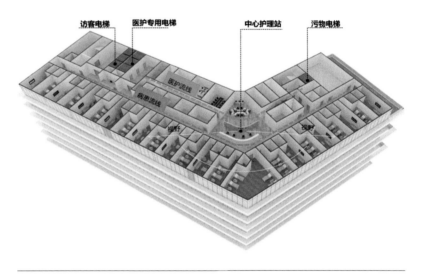

图 A5-20 护理单元布置图

5.3 设计思考

由于现代城市化发展速度不平衡，复杂的用地规划条件和庞大的体量给现代医院的建设带来了挑战。拘谨的就医环境有碍患者的治疗康复，不利于创造自然放松的治疗体验。

Healing Garden，即康复式的花园医院，是方案构思的出发点。通过呼应山体环境进退，创造出多个不同的庭院空间，并以一条生命绿带进行连接。建筑打破了单一体量的大尺度的设计手法，力图以低强度的设计布局手法与周边环境契合，以此达到人—建筑—自然的和谐统一。在高密度的城市开发策略下，摸索医院建设的新方向，在节地、高效城市建设的原则下，为现代化医院建设提供了新的思路和别具特色的实践案例。

6 技术应用

——人性化与定制化物流环境整体解决方案

艾信智慧医疗科技发展（苏州）有限公司成立于 2013 年，是集箱式物流系统、轨道小车物流系统、物流机器人系统、气动物流系统、垃圾被服收运系统、污水处理系统、手供一体化仓储系统、数字化机器人仓储系统等产品于一体的高新技术企业，专为中国医院提供定制化物流环境整体解决方案。

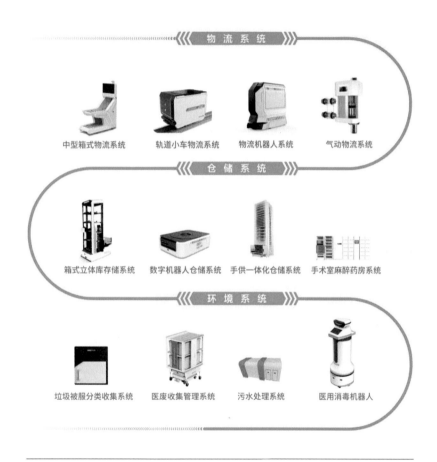

医院物流环境整体解决方案

代表案例

浙江大学医学院附属第一医院之江院区

项目信息：浙江大学医学院附属第一医院之江院区占地面积 150 亩，建筑面积约 18 万平方米， 建设床位 1000 床，旨在打造一所现代化的绿色三甲综合性医院。医院独具前瞻性地采用完整的复合型物流系统整体解决方案，含箱式物流系统、气动物流系统及医用物流机器人系统。医院共设立 39 个箱式物流站点，41 个气动物流站点， 配置 6 台医用物流机器人。

南通市中央创新区医学综合体

项目信息：南通市中央创新区医学综合体建设床位 2600 床，地上建筑面积 29 万平方米，地下建筑面积 13 万平方米，总建筑面积 42 万平方米，拟建成为与国际现代化医院接轨的示范性三级甲等综合性医院和现代化区域性医疗中心。通过对医院建筑结构、功能流线的合理思考，在院内应用中型箱式物流系统 + 气动物流系统 + 垃圾被服分类收集系统的复合型物流传输整体解决方案，解决医院在交通流线规划以及后期运营中物流运力不足和院内管理等难题。中型箱式物流系统共配置 82 个站点，解决大部分院内自动化物资传输问题；气动物流传输系统共配置 17 个站点，作为辅助性的物资传输系统；垃圾被服分类收集系统共配置 72 个站点，对医院内的垃圾及污衣被服进行智能收运。

湖南省肿瘤医院

项目信息：湖南省肿瘤医院占地 10 万平方米，建筑面积 18 万平方米。医院物流项目是全国第一家大型三甲医院的老院物流改造项目。在物流设备的选型方面，我们对医院的物资运量情况进行数据采集，并且在建模分析后，最终选择以中型箱式物流系统作为医院的骨干物流传输系统。医院共设 39 个箱式物流站点，分别连接老院的新楼和老楼的静配中心、检验科、中心药房、病区等各科室。

上海中医药大学附属龙华医院浦东分院

项目信息：上海中医药大学附属龙华医院浦东分院项目分二期执行。一期设置床位 500 床，新建总建筑面积 76550 平方米。从现代中医医疗服务的精细、高效、便捷等特点出发，并结合龙华医院的平面布局，在院内借助 9 套高效的一提八箱位垂直提升系统（一提八箱位是指垂直提升系统一次性可提升八个周转箱）和水平传输线，完成院内物资的自动化高效流转。系统共设置 29 个站点，覆盖病区护士站、ICU、SPD 库房、中型监控室、手术室、检验科、儿科治疗区、餐厅、急诊、急诊药房、门诊药房、中药库房等。

甘肃省妇幼保健院安宁院区

项目信息：甘肃省妇幼保健院安宁院区建筑面积 116929 平方米，开放床位 1200 床。项目是目前西北最大的妇女儿童医院洁污物流一体化解决方案。以中型物流系统为主干物流形式，气动物流和机器人物流为辅助物流形式，实现全院洁污物资自动化流转；针对院内污物物资的传输，采用自动化的垃圾被服分类收集系统，真正做到洁污分离和物流流线的畅通。中型箱式物流系统共设置 97 个站点，覆盖病区护士站、病案室、ICU、检验科、国际医疗部门诊、病理科、输液大厅、中心药房、门诊、体检中心、消毒供应中心、静配中心、配餐中心、产房等。气动物流作为辅助物流形式共设置 25 个站点，主要解决检验标本、病理标本、紧急药品的物资的传送。垃圾被服分类收集系统共设置 157 个室内投递口和 3 个室外投放口，对医院内的生活垃圾及污衣被服进行智能收运。

服务范围

　　医疗科技领域内的技术开发及咨询服务；设计、生产、研发、销售、安装、租赁：物流、仓储自动化工程设备、医院垃圾被服系统、医用机器人、医院物资管理系统及自动化设备、城市环境系统、污水处理成套设备、废气处理设备、污泥固化成套设备及物联网技术相关设备；环保工程、建筑机电安装工程、医疗专项工程的设计、施工及维保；研发、销售：医疗器械、电子产品、软件产品及相关售后服务；化工产品及原料（除危险化学品）的销售；上述商品的进出口业务。

所获荣誉

　　ISO9001 认证、ISO14001 认证、OHSAS18001 认证、CE 认证
　　国家高新技术企业
　　江苏省 AAA 资信等级认定
　　2019 年江苏省工程技术研究中心
　　科技型领军企业
　　瞪羚培育企业
　　2019 上市苗圃
　　5G 智慧医疗创新联合实验室
　　中国医院建设十佳医用设备供应商
　　中国医院建设匠心奖
　　现代医院建设解决方案大赛一等奖
　　中国医院物联网应用十大优秀案例奖
　　……

2017—2020 年，连续四年荣获
中国医院建设匠心奖·中国医院建设年度品牌服务企业

2019 年，中国医院建设十佳医用设备供应商

2018 年，现代医院建设解决方案大赛一等奖

2018 年，国家高新技术企业证书

2020 年，中国医院物联网应用十大优秀案例奖